主编　中国建设监理协会

中国建设监理与咨询

中国建筑工业出版社

图书在版编目（CIP）数据

中国建设监理与咨询 30 / 中国建设监理协会 主编. —北京：中国建筑工业出版社，2019.12
ISBN 978-7-112-24507-9

Ⅰ.①中… Ⅱ.①中… Ⅲ.①建筑工程—监理工作—研究—中国
Ⅳ.①TU712

中国版本图书馆CIP数据核字（2019）第276962号

责任编辑：费海玲 焦 阳
责任校对：李欣慰

中国建设监理与咨询 30

主编 中国建设监理协会

*

中国建筑工业出版社出版、发行（北京海淀三里河路9号）
各地新华书店、建筑书店经销
北京雅盈中佳图文设计公司制版
天津图文方嘉印刷有限公司印刷

*

开本：880×1230毫米 1/16 印张：$7^1/_2$ 字数：300千字
2019年12月第一版 2019年12月第一次印刷
定价：**35.00**元
ISBN 978-7-112-24507-9
（35052）

编辑部

地址：北京海淀区西四环北路 158 号
慧科大厦东区 10B

邮编：100142

电话：（010）68346832

传真：（010）68346832

E-mail：zgjsjlxh@163.com

中国建设监理与咨询

目录 CONTENTS

行业动态

政策法规消息

本期焦点：中国建设监理协会印发《建设工程监理工作标准体系》

专家讲堂

监理论坛

项目管理与咨询

创新与研究

监理人风采

企业文化

“房屋建筑工程监理工作标准”课题组召开第三次工作会议

2019 年 9 月 21 日，中国建设监理协会“房屋建筑工程监理工作标准”课题组在西双版纳召开第三次工作会议。中国建设监理协会会长王早生、课题专家审核组组长杨卫东应邀出席会议并作指导。课题组专家成员、中国建设监理协会、江苏省建设监理与招投标协会等相关人员 15 人参加了会议。会议由课题组组长、中国建设监理协会副会长、江苏省建设监理与招投标协会会长陈贵主持。

陈贵组长对课题组专家近阶段为课题研究所做的大量细致的工作表示衷心的感谢，本课题研究工作意义重大，要齐心协力保质保量按期完成课题研究任务；参会的课题组专家分别汇报了各自片区对标准草稿组织征求意见的情况；课题组专家、标准草稿主要起草人李存新汇报了各片区提交意见的整理、分析及修改情况；会议就标准与监理规范、监理合同示范文本的关系进行了重点梳理，并对标准草稿逐条进行讨论，初步达成一致意见。

王早生会长对课题研究工作作重要指示。他强调，课题研究要从实际出发，一是要本着高质量出精品的原则，根据会议讨论情况继续修改完善，同时做好与相关标准的衔接。二是要进一步扩大征求意见的覆盖面，力争扩大至全国各省工程监理企业，重点补充征求各省住房城乡建设主管部门和大型建设单位意见，以提高标准的科学性、共识性和认可度。三是课题研究工作时间紧任务重，希望课题组再接再厉，继续扎实推进各项工作，确保按计划完成课题任务，为工程监理行业发展作出新的贡献。

“房屋建筑工程监理工作标准”课题组召开行业主管部门及建设单位专家研讨会

2019 年 10 月 28 日下午，中国建设监理协会“房屋建筑工程监理工作标准”课题组在江苏建科工程咨询有限公司召开行业主管部门及建设单位专家研讨会。江苏省住房和城乡建设厅工程质量安全监管处处长汪志强、江苏省建设工程质量监督总站站长李新忠、江苏省住房和城乡建设厅建筑市场监管处副处长顾颖、江苏省建筑安全监督总站主任科员陈新及江苏省省级机关事务管理局副局长沈荣林、南京安居建设集团有限责任公司副总经理刘建石、江苏大剧院工程建设指挥部总指挥助理黄林、江苏省广播电视总台（集团）基建工程办公室主任张昊、中建八局第三建设有限公司董事长刘书冬等专家应邀出席研讨会议。课题组专家成员、江苏省建设监理与招投标协会秘书处办公室主任陈莹等相关人员参加了会议。

会议由课题组组长、中国建设监理协会副会长、江苏省建设监理与招投标协会会长陈贵主持。陈贵组长向各位专家介绍了课题研究的背景，指出目前监理工作主要参考《建设工程监理规范》，它是房屋建筑工程、市政基础设施等工程的通用规范。本课题是以房屋建筑工程监理工作为对象，重点解决监理“管的松、管的宽、管的软”的问题，聚焦质量、安全，旨在依据法律法规和标准，参考推荐性规范，充分考虑地区差异，引导监理企业“努力做就能做到、认真做就能做好”，营造监理工作“习惯符合标准、标准成为习惯”的良好行业氛围；促进房屋建筑工程监理工作标准化，提高房屋建筑工程监理人员业务能力，提升监理行业服务质量和服务水平。

随后，课题组专家、江苏建科工程咨询有限公司副总经理李存新汇报了课题的研究成果。本课题研究思路坚持从房屋建筑工程监理工作的工作阶段、工作任务、工作程序、工作内容出发，紧抓“四条线”，即以“时间线”“任务线”“逻辑线”“技术线”为研究主线，理清监理工作的时间段、工作任务及逻辑关系，将监理工作内容规范化、程序化。

参会专家围绕本标准对监理在各个阶段的服务内容、服务要求的阐述及相关条文说明进行了细致、热烈的讨论，提供了宝贵的建议。专家们一致认为，课题聚焦质量安全，充分体现了监理是工程质量安全的重要保障，符合建筑业高质量、精细化管理的发展趋势，具有可操作性和实践性，对房屋建筑工程监理工作有效实施有着指导作用，希望此课题能尽快出台，形成房屋建筑工程监理工作标准，通过标准的实施来科学合理地界定监理在质量安全管理当中的责任，规范监理行为，改进监理工作，对提升房屋建筑工程监理工作乃至整个监理行业的服务水平，促进工程监理行业的转型升级、创新发展，具有深远的影响。

（江苏省建设监理与招投标协会陈莹　供稿）

中国建设监理协会2019年度第四期“监理行业转型升级创新发展业务辅导活动”在浙江杭州举行

2019年9月24日，中国建设监理协会在浙江省杭州市举办了2019年度第四期“监理行业转型升级创新发展业务辅导活动”。来自上海、江西、湖北、湖南、广东、福建、海南、浙江等8个地区的300余名会员代表参加了本次活动。浙江省全过程工程咨询与监理管理协会秘书长章钟到会致辞。活动由中国建设监理协会副秘书长温健主持。

中国建设监理协会副会长兼秘书长王学军对本次业务辅导活动进行了学习动员。要求大家认真学习、勤于思考、勇于实践、敢于创新，深刻领会学习内容，学懂弄通，并结合自己的工作和实践经验认真思考，学有所思、学有所用、学有所成。

中国建设监理协会会长王早生作“不忘监理初心积极转型升级 努力促进建筑业高质量发展”专题报告。从监理行业沿革、行业现状、面临的问题与挑战及新时代监理行业展望全面展现了监理行业的发展历程与现状，指出监理行业发展要坚持改革创新。要求监理企业和监理人员要直面问题、解决问题，为监理行业健康发展增砖添瓦，为社会、为国家作出新的贡献。

本次业务辅导活动邀请了北京交通大学刘伊生教授、上海同济工程咨询有限公司董事长兼总经理杨卫东、重庆市建设监理协会会长雷开贵、湖南省建设监理协会会长屠名瑚、北京兴电国际工程管理有限公司董事长张铁明、河南省建基工程咨询有限公司总裁黄春晓等6位专家围绕准确理解全过程工程咨询、工程项目管理、BIM在全过程咨询服务、监理工作风险防控、BIM应用与发展等内容开展了系列专题讲座，与会员分享了新锐的观点和成熟的经验，既高屋建瓴，又深入浅出，引导会员打开思维，提升认识和实践能力。

最后，王学军秘书长作总结发言，希望各位会员在成长与收获的同时要注重联系影响监理工作高质量发展的突出问题，坚持学以致用，把理论学习成果转化为监理工作的实践，提高履职能力和服务质量，抓住转型升级的机遇，主动顺应形势变化，不忘初心、牢记使命，忠诚履职、开拓创新，勇于担当，不断推动监理工作高质量发展，为建设中国特色社会主义作出新的贡献。

中国建设监理协会会员信用评估标准课题工作会在宁波召开

2019 年 10 月 11 日，中国建设监理协会会员信用评估标准课题组在宁波召开课题工作会，中国建设监理协会副会长兼秘书长王学军出席会议。会议由课题组长湖南省建设监理协会副会长兼秘书长屠名瑚主持，课题组成员、行业专家及企业代表等参加会议。浙江省全过程工程咨询与监理管理协会副会长兼秘书长章钟致欢迎词，宁波市监理与招投标协会副会长兼秘书长金凌介绍了宁波市监理行业信用建设情况。

课题组专家对会员信用模拟评估结果进行了分析，对“中国建设监理协会会员信用评估标准（修订稿）”进行了逐条讨论，提出了修改意见。

王学军副会长兼秘书长对课题组工作给予了肯定，强调了会员信用评估对促进企业诚信管理、诚信经营、诚信服务，对促进个人诚信执业、诚信做人的重要性。希望课题组结合“会员信用管理办法”和行业实际，研究制定出切合实际，具有前瞻性和可操作性的会员信用评估标准，为推进行业健康发展作出贡献。

北京市建设监理协会召开第六届第三次会员大会

2019 年 8 月 28 日，北京市监理协会召开第六届第三次会员大会。中国建设监理协会副会长兼秘书长王学军；北京市住房和城乡建设委员会质量处处级调研员于扬；北京市建设监理协会会长李伟，副会长张铁明、赵群、孙琳，监事长潘自强等领导参会。180 家会员单位的近 300 位主要领导及负责人参加会议。北京市监理协会副会长张铁明主持会议。

于扬调研员宣读了“关于 2019 年上半年全市工程监理专项监督检查情况的通报”，并对项目存在的突出问题和存在安全质量隐患的单位进行点名批评，要求监理单位要有针对性地组织监理从业人员进行培训，加强对法律法规和北京市政策文件的学习。

会议赠送“工程质量潜在缺陷保险风险管理机构工作标准研究”“建设工程监理工作评价标准”研究报告、“综合管廊工程质量控制与监管研究”调研报告（中期评审稿）等资料。

（北京市建设监理协会石晴　供稿）

河南省举办第二届河南省建设监理行业工程质量安全监理知识竞赛

2019 年 9 月 26 日，第二届河南省建设监理行业工程质量安全监理知识竞赛决赛于郑州隆重开幕。中国建设监理协会副秘书长温健出席开幕式并讲话。河南省住房城乡建设厅工程质量安全监管处副处长魏家颂、机关党委副书记赵立新，河南省建设安全监督总站副站长熊琰，河南省建设工程质量监督总站副站长魏毅力出席开幕式。河南省建设监理协会常务副会长兼秘书长孙惠民出席开幕式并致辞，协办单位河南中尚工程咨询有限公司董事长潘彬致辞。

参加本次知识竞赛的选手为全省监理企业的总监理工程师、专业监理工程师和监理员岗位上的优秀代表。参赛选手围绕建设工程质量安全监理有关法律法规和政策文件，通过竞赛展现了监理工作者严谨、敬业、专业、理性的职业形象。

此次知识竞赛的圆满举办，进一步传播了质量安全监理知识，提升了全行业监理人员的责任意识。河南省建设监理协会将继续深入贯彻落实上级领导单位和业务主管单位有关工程质量安全的部署要求，积极引导行业企业狠抓工程质量安全监理工作，持续提升河南省建设监理行业工程质量安全监理工作水平。

浙江省全过程工程咨询与监理管理协会活动丰富

举办“祖国建设70年”摄影作品展

在建国70周年前夕，浙江省全过程工程咨询与监理管理协会（以下简称浙江省协会）举办了“祖国建设70年”摄影作品展。中国建设监理协会副会长兼秘书长王学军观看了摄影展，并题词：弘扬监理行业精神 展示监理人员风采。

本次摄影展的作品，有着强烈的主题意义及行业特点，既直观地展示了各地监理企业在国家改革发展进程中所取得的业绩，又反映出建设工程施工的辛劳和成就，尤其是彰显了浙江省建设监理行业从业者的责任担当，颂扬了他们为祖国建设70年所作的付出，同时诠释了他们无怨无悔的初心。

举办迎国庆大型趣味运动会

2019年9月22日，浙江省协会成功举办迎国庆大型趣味运动会。来自宁波、嘉兴、湖州、绍兴市、杭州等数十家监理企业的8支代表队参赛。

通过“同心同力”“砥砺前行”“亚运圣火”“同心同行”等竞赛活动及赛间文娱表演，展现中华儿女新时代的精神风貌，以昂扬的斗志和不折不挠的团队精神献礼祖国70周年华诞。

举办装配式混凝土建筑监理培训学习班

2019年9月8日至9日，浙江省协会在杭州举办了装配式混凝土建筑监理人员培训班，全省近300名现场一线监理人员参加培训。培训主要介绍了浙江省建筑工业化发展现状和今后的发展方向；对浙江省地方标准《装配式建筑评价标准》DB33/T 1165–2019进行了解读；对装配式混凝土结构施工质量控制要点和装配式混凝土建筑施工方案编制与审核作了比较详尽的讲解。

开展“安全知识大讲堂”免费送教上门活动

针对浙江省部分地市监理企业从业人员集中、生产任务较重、师资力量薄弱、培训不到位的问题，切实加强建筑施工安全管理工作，满足该部分监理企业培训的需求，进一步提升监理从业人员安全管理水平和能力，提高监理工作服务质量，保障工程质量安全，浙江省协会以安全教育为依托，以服务企业为宗旨，转变工作作风，创新培训形式，开展“安全知识大讲堂”送教上门活动。组织业内专家到有需求的各地市集中开展培训工作，妥善解决工学矛盾。

浙江省协会组队到四川省协会交流学习

2019年9月，浙江省全过程工程咨询与监理管理协会牵头帮助金华市建筑业行业协会监理分会20余位会员企业的主要领导，赴成都与四川省建设工程质量安全与监理协会（以下简称四川省协会）就全过程工程咨询的发展作了深入的考察和交流。四川省协会会长汤有林、秘书长刘潞及多位企业负责人参加了交流并发言。带队的赵肖春会长表示此行对于金华监理行业的进一步发展具有十分重要的意义。

武汉建设监理与咨询行业协会举办“江城杯”歌运会

2019年9月8日，由武汉建设监理与咨询行业协会与武汉市建筑行业工会联合会共同主办的“江城杯”歌运会盛大开幕，100余家会员单位的1500余名运动员、歌唱演员及观战席代表参加了盛会。中国建设监理协会、湖北省住房和城乡建设厅、武汉市总工会、武汉市民政局、武汉市城乡建设局等单位领导出席活动。中国建设监理协会副会长兼秘书长王学军发表了重要讲话。本次歌运会将演唱红歌和趣味运动相结合，是武汉建设监理与咨询行业协会在大型活动的内容和形式上的又一次创新。

（武汉建设监理与咨询行业协会陈凌云　供稿）

武汉建设监理与咨询行业协会承接武汉市水务局市水务局工程建设安全生产工作购买第三方服务工作

2019 年 7 月 12 日，武汉建设监理与咨询行业协会成功中标武汉市水务局工程建设安全生产工作购买第三方服务工作，主要服务内容为协助水务局完成面向全市开展的在建水务工程安全生产检查、质量考核和市场行为监督指导等工作。

根据“武汉市水务局工程建设管理购买第三方服务合同”和“武汉市水务局工程建设管理购买第三方服务计划”的规定和相关要求，对全市 15 个区水务和湖泊局以及武汉市水务局 10 个二级单位进行了安全生产综合检查。检查的内容包括各区（功能区）水务行政主管部门和市局属各单位安全生产工作情况，以及在建水务工程项目安全、质量和市场行为情况。协会从专家库中麟选出 40 余位行业资深专家，由赵勇、周兵两位组长组建成两个专家检查组，于 2019 年 8 月 30 日至 9 月 26 日连续 19 个工作日，在武汉市水务局领导的带领下分别对共计 31 个在建及已投入运营的工程项目开展质量安全专家巡查工作。检查组通过现场检查、查阅资料、问询等工作方式展开工作，并在检查结束时就检查结果与相关单位进行了交流。

在本次检查中，专家组除当日签发“检查工作整改问题清单”外，在检查结束后，对全部问题进行了汇总整理，完成了“武汉市水务和湖泊局 2019 年度质量安全专家巡查总结报告”。“报告”内容涉及对本次检查项目的情况综述，对发现的问题的汇总分析，以及对下一步监管工作提出的建议和意见。

（武汉建设监理与咨询行业协会陈凌云　供稿）

河北省举办“不忘初心牢记使命”2019建设工程质量安全监理知识网络竞赛

2019 年 8~11 月，河北省建筑市场发展研究会举办“不忘初心牢记使命”2019 建设工程质量安全监理知识网络竞赛活动。竞赛主题是抓质量、保安全，强监理、促发展；参赛对象为监理工程师、监理员个人会员；竞赛内容为《习近平新时代中国特色社会主义思想学习纲要》《建筑法》《建设工程质量管理条例》《建设安全生产管理条例》《建设工程监理规范》《民用建筑节能条例》《工程质量安全手册（试行）》《危险性较大的分部分项工程安全管理规定》等重要的法律法规、标准规范。

青海省举办庆祝中华人民共和国成立70周年文艺会演

2019 年 9 月 20 日，青海省建设监理协会成功举办青海省建设监理行业庆祝中华人民共和国成立 70 周年文艺会演。协会会长、副会长、监事长等协会领导，以及 19 家参演单位、60 余家会员单位的领导等 400 余人参加了此次盛会。各监理单位积极响应，以饱满的热情，精心组织策划，共计 280 余人参演。

由全省监理企业职工精心编排演绎的歌曲、舞蹈、诗歌朗诵、大合唱等精彩节目，是向新中国成立 70 周年奉献的精彩乐章，生动展现了 70 年来中国社会的发展进步以及监理人新时代奋斗者的风采和担当。此次文艺会演旨在讴歌新中国成立 70 年来取得的巨大成就，展示全省建设监理行业广大职工的精神面貌和对伟大祖国的衷心祝福，向祖国 70 周年献礼。此次会演展现了青海监理人不忘初心、团结奋进的精神，表达了对祖国 70 周年的真诚祝愿，体现了全体监理人爱国爱党、意气风发、昂扬向上的靓丽风采和精神面貌。

广东省建设监理协会召开第五届一次会员代表大会暨第五届一次理事会

2019 年 9 月 9 日下午，广东省建设监理协会在广州市召开了广东省建设监理协会第五届一次会员代表大会暨第五届一次理事会。中国建设监理协会会长王早生、广东省住房和城乡建设厅建筑市场监管处处长罗锦荣莅临大会并作重要讲话。香港测量师学会、澳门工程师学会的代表应邀出席会议。协会会员代表共 448 人参加会议。

大会审议通过了“第四届理事会工作报告（审议稿）”“第四届理事会财务收支情况报告（审议稿）”“关于广东省建设监理协会单位会员退会有关问题说明”“关于换届筹备工作情况报告（审议稿）”“会员资格审查情况报告（审议稿）”。

孙成当选为理事会会长，马克伦等 25 人当选为副会长，王平等 27 人当选为常务理事，卫建军等 108 人当选为理事会理事。黎锐文当选为监事会监事长，周晓秋等 4 人当选为监事会监事。聘任邓强为理事会秘书长。

江苏省建设监理与招投标协会召开第四届一次理事会暨第四届一次常务理事会

2019 年 9 月 1 日，江苏省建设监理与招投标协会第四届一次理事会暨第四届一次常务理事会在南京召开。江苏省住房城乡建设厅副巡视员、机关党委书记杨洪海，建筑市场监管处处长李震，江苏省建设工程招标投标办公室主任曹良春出席会议并讲话；江苏省住房城乡建设厅建筑市场监管处副处长顾颖、副调研员房福亮出席会议；协会理事、特邀嘉宾 200 余人参加了会议。会长陈贵通报了今年的重要工作，副会长戴子扬主持会议。

会议审议通过了协会成立监理专业委员会、招投标专业委员会和专家委员会，陈贵同志兼任监理专业委员会主任，杨登辉同志兼任招投标专业委员会主任，朱丰林同志任专家委员会主任；会议选举曹达双同志任协会第四届理事会秘书长；丁先喜、张海军两位同志任协会副秘书长，陈莹同志任协会办公室主任；会议还审议通过了“江苏省建设监理与招投标协会会员管理办法”和“关于发展新单位会员的报告”。

（江苏省建设监理与招投标协会陈莹　供稿）

上海市建设工程咨询行业协会青年从业者联谊会正式成立

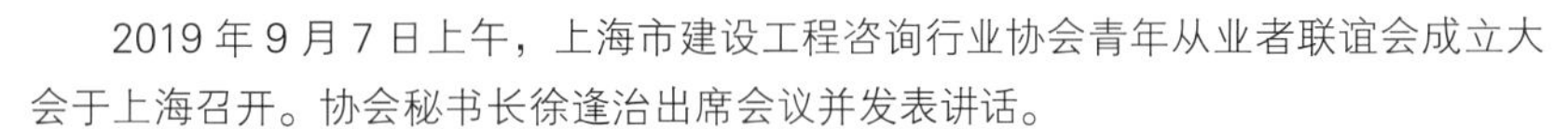

2019 年 9 月 7 日上午，上海市建设工程咨询行业协会青年从业者联谊会成立大会于上海召开。协会秘书长徐逢治出席会议并发表讲话。

大会审议通过了“上海市建设工程咨询行业协会青年从业者联谊会章程”和标志，选举产生了上海市建设工程咨询行业协会青年从业者联谊会第一届执行委员会以及第一届主席、副主席。

青联会的宗旨是：在遵守国家的法律、法规、规章和政策，遵守社会道德风尚和上海市建设工程咨询行业协会相关规定的基础上，加强行业内青年从业人员之间的交流，提升行业内青年从业人员在行业和本协会发展中的参与度，建立青年从业人员与本协会之间沟通的桥梁。青联会的主要目标是在本协会所承担的任务和业务范围内，通过专业提升、互动交流、参与活动提升行业内青年从业者对行业和本协会的认可度，吸引更多优秀的青年人才加入到行业中。

（上海市建设工程咨询行业协会杨黎佳　供稿）

住房和城乡建设部关于印发《规范住房和城乡建设部工程建设行政处罚裁量权实施办法》和《住房和城乡建设部工程建设行政处罚裁量基准》的通知

建法规〔2019〕7号

部机关各单位，各省、自治区住房和城乡建设厅，直辖市住房和城乡建设（管）委及有关部门，新疆生产建设兵团住房和城乡建设局：

为规范工程建设行政处罚工作，我部制定了《规范住房和城乡建设部工程建设行政处罚裁量权实施办法》和《住房和城乡建设部工程建设行政处罚裁量基准》，现印发给你们，请遵照执行。

在执行过程中遇到的问题，请及时报告我部。

附件：1. 规范住房和城乡建设部工程建设行政处罚裁量权实施办法

2. 住房和城乡建设部工程建设行政处罚裁量基准

中华人民共和国住房和城乡建设部

2019 年 9 月 23 日

附件 1

规范住房和城乡建设部工程建设行政处罚裁量权实施办法

第一条　为规范住房和城乡建设部工程建设行政处罚行为，促进依法行政，保护公民、法人和其他组织的合法权益，根据《中华人民共和国行政处罚法》《中华人民共和国建筑法》等法律法规，以及《法治政府建设实施纲要（2015—2020 年）》，制定本办法。

第二条　本办法所称工程建设行政处罚裁量权，是指住房和城乡建设部在工程建设领域行使法定的行政处罚权时，在法律法规规定的行政处罚种类和幅度范围内享有的自主决定权。

本办法所称规范工程建设行政处罚裁量权，是指住房和城乡建设部在法定的工程建设行政处罚权限范围内，通过制定《住房和城乡建设部工程建设行政处罚裁量基准》（以下简称《裁量基准》），视违法行为的情节轻重程度、后果影响大小，合理划分不同档次违法情形，明确行政处罚的具体标准。

第三条　工程建设法律法规未规定实施行政处罚可以选择处罚种类和幅度的，住房和城乡建设部应当严格依据法律法规的规定作出行政处罚。

第四条　住房和城乡建设部行使工程建设行政处罚裁量权，应当坚持合法合理、过罚相当、程序正当、行政效率、教育处罚相结合的原则。

第五条　依法应当由住房和城乡建设部实施的工程建设行政处罚，包括下列内容：

（一）对住房和城乡建设部核准资质的工程勘察设计企业、建筑施工企业、工程监理企业处以停业整顿、降低资质等级、吊销资质证书的行政处罚。

（二）对住房和城乡建设部核发注册执业证书的工程建设类注册执业人员，处以停止执业、吊销执业资格证书的行政处罚。

（三）其他应当由住房和城乡建设部实施的行政处罚。

第六条　地方各级住房和城乡建设主管部门发现需要由住房和城乡建设部实施行政处罚的工程建设违法行为，应当依据法律法规、本办法和《裁量基准》提出行政处罚建议，并及时将行政处罚建议和相关证据材料逐级上报住房和城乡建设部。

住房和城乡建设部收到省级住房和城乡建设主管部门的行政处罚建议，或者直接发现应当由住房和城乡建设部实施行政处罚的工程建设违法行为，应当依据法律法规、本办法和《裁量基准》确定的行政处罚种类和幅度实施行政处罚。

第七条　住房和城乡建设部依照法律法规、本办法和《裁量基准》实施行政处罚，不影响地方住房和城乡建设主管部门依法实施罚款等其他种类的行政处罚。依法应当由住房和城乡建设部作出行政处罚，并需要处以罚款的，由地方住房和城乡建设主管部门作出罚款的行政处罚。

第八条　工程建设违法行为导致建设工程质量、安全事故，须由住房和城乡建设部实施行政处罚的，事故发生地住房和城乡建设主管部门应当在事故调查报告被批准后7个工作日内向上一级住房和城乡建设主管部门提出行政处罚建议，并移送案件证据材料；省级住房和城乡建设主管部门收到下一级住房和城乡建设主管部门上报的处罚建议后，应当在7个工作日内向住房和城乡建设部提出行政处罚建议，并移送案件证据材料。

第九条　住房和城乡建设部收到省级住房和城乡建设主管部门的行政处罚建议和证据材料后，认为证据不够充分的，可以要求地方住房和城乡建设主管部门补充调查，也可以直接调查取证。

住房和城乡建设部收到省级住房和城乡建设主管部门的行政处罚建议后，应当及时将处理结果告知该省级住房和城乡建设主管部门。

第十条　住房和城乡建设部实施行政处罚，应当按照《住房城乡建设部关于印发集中行使部机关行政处罚权工作规程的通知》（建督〔2017〕96号）履行行政处罚程序。

行政处罚决定依法作出后，应当于7个工作日内在住房和城乡建设部门户网站办事大厅栏目公示，并记入全国建筑市场监管公共服务平台。

第十一条　行政处罚决定书中应当明确履行停业整顿处罚的起止日期，起算日期应当考虑必要的文书制作、送达、合理范围知悉等因素，但不得超过处罚决定作出后7个工作日。

发生安全事故的建筑施工企业已经受到暂扣安全生产许可证处罚的，对其实施责令停业整顿处罚时，应当在折抵暂扣安全生产许可证的期限后，确定停业整顿的履行期限。

第十二条　停业整顿期间，企业在全国范围内不得以承接发生违法行为的工程项目时所用资质类别承接新的工程项目；对于设计、监理综合类资质企业，在全国范围内不得以承接发生违法行为的工程项目时所用工程类别承接新的工程项目。

降低资质等级、吊销资质证书处罚的范围是企业承接发生违法行为的工程项目时所用资质类别。

责令停止执业、吊销执业资格证书处罚的范围是相应执业资格注册的全部专业。

第十三条　当事人有下列情形之一的，应当根据法律法规和《裁量基准》从轻或者减轻处罚：

（一）主动消除或者减轻违法行为危害后果的；

（二）受他人胁迫有违法行为的；

（三）配合行政机关查处违法行为有立功表现的；

（四）其他依法从轻或者减轻行政处罚的。

第十四条　当事人有下列情形之一的，应当依法在《裁量基准》相应档次内从重处罚。情节特别严重的，可以按高一档次处罚。

（一）工程勘察设计企业、建筑施工企业、工程监理企业在发生建设工程质量、安全事故后2年内再次发生建设工程质量、安全事故且负有事故责任的；

（二）工程勘察设计企业、建筑施工企业、工程监理企业对建设工程质量、安全事故负有责任且存在超越资质、转包（转让业务）、违法分包、挂靠、租借资质等行为的；

（三）注册执业人员对建设工程质量、安全事故负有责任且存在注册单位与实际工作单位不一致，或者买卖租借执业资格证书等“挂证”行为的；

（四）工程勘察设计企业、建筑施工企业、工程监理企业和注册执业人员多次实施违法行为，或在有关主管部门责令改正后，拒不改正，继续实施违法行为的。

第十五条　住房和城乡建设部成立规范工程建设行政处罚裁量权专家委员会，对重大的工程建设行政处罚提供咨询意见。

住房和城乡建设部适时对本办法和《裁量基准》的实施情况，以及规范工程建设行政处罚裁量权工作情况进行评估。

第十六条　地方住房和城乡建设主管部门根据权限实施责令停业整顿、降低资质等级、吊销资质证书以及停止执业、吊销执业资格证书等处罚，应当参照本办法和《裁量基准》制定相应基准。

第十七条　在依法查处工程建设违法行为中发现涉嫌犯罪的，应当及时移送有关国家机关依法处理。

第十八条　本办法自2019年11月1日起施行。《规范住房城乡建设部工程建设行政处罚裁量权实施办法（试行）》和《住房城乡建设部工程建设行政处罚裁量基准（试行）》（建法〔2011〕6号）同时废止。《住房城乡建设质量安全事故和其他重大突发事件督办处理办法》（建法〔2015〕37号）与本办法和《裁量基准》规定不一致的，以本办法和《裁量基准》为准。

附件 2

住房和城乡建设部工程建设行政处罚裁量基准

一、勘察企业（略）

二、设计企业（略）

三、建筑业企业（略）

四、监理企业

五、注册执业人员（略）

说　明

1. 本基准关于安全事故等级认定的依据为《生产安全事故报告和调查处理条例》；

2. 本基准关于质量事故等级认定的依据为《关于做好房屋建筑和市政基础设施工程质量事故报告和调查处理工作的通知》（建质〔2010〕111 号）；

3. 本基准关于工程质量缺陷规定的依据为《建筑工程施工质量验收统一标准》GB 50300–2013。

四、监理企业

<table>
<tr><th>序号</th><th>违法行为</th><th>处罚依据</th><th colspan="2">违法情节和后果</th><th>处罚标准</th></tr>
<tr><td rowspan="6">4.1</td><td rowspan="6">工程监理单位未对施工组织设计中的安全技术措施或者专项施工方案进行审查</td><td rowspan="6">《建设工程安全生产管理条例》第五十七条第一项违反本条例的规定，工程监理单位有下列行为之一的，责令限期改正；逾期未改正的，责令停业整顿，并处10万元以上30万元以下的罚款；情节严重的，降低资质等级，直至吊销资质证书；造成重大安全事故，构成犯罪的，对直接责任人员，依照刑法有关规定追究刑事责任；造成损失的，依法承担赔偿责任：
（一）未对施工组织设计中的安全技术措施或者专项施工方案进行审查的；</td><td colspan="2">逾期未改正违法行为</td><td>责令停业整顿，直至改正违法行为</td></tr>
<tr><td rowspan="3">造成较大安全事故</td><td>造成3人以上5人以下死亡，或者10人以上20人以下重伤，或者1000万元以上2000万元以下直接经济损失</td><td>责令停业整顿60–90日</td></tr>
<tr><td>造成5人以上7人以下死亡，或者20人以上30人以下重伤，或者2000万元以上3000万元以下直接经济损失</td><td>责令停业整顿90–120日</td></tr>
<tr><td>造成7人以上10人以下死亡，或者30人以上50人以下重伤，或者3000万元以上5000万元以下直接经济损失</td><td>责令停业整顿120–180日</td></tr>
<tr><td colspan="2">造成重大安全事故</td><td>降低资质等级</td></tr>
<tr><td colspan="2">造成特别重大安全事故</td><td>吊销资质证书</td></tr>
<tr><td rowspan="6">4.2</td><td rowspan="6">工程监理单位发现安全事故隐患未及时要求施工单位整改或者暂时停止施工</td><td rowspan="6">《建设工程安全生产管理条例》第五十七条第二项违反本条例的规定，工程监理单位有下列行为之一的，责令限期改正；逾期未改正的，责令停业整顿，并处10万元以上30万元以下的罚款；情节严重的，降低资质等级，直至吊销资质证书；造成重大安全事故，构成犯罪的，对直接责任人员，依照刑法有关规定追究刑事责任；造成损失的，依法承担赔偿责任：
（二）发现安全事故隐患未及时要求施工单位整改或者暂时停止施工的；</td><td colspan="2">逾期未改正违法行为</td><td>责令停业整顿，直至改正违法行为</td></tr>
<tr><td rowspan="3">造成较大安全事故</td><td>造成3人以上5人以下死亡，或者10人以上20人以下重伤，或者1000万元以上2000万元以下直接经济损失</td><td>责令停业整顿60–90日</td></tr>
<tr><td>造成5人以上7人以下死亡，或者20人以上30人以下重伤，或者2000万元以上3000万元以下直接经济损失</td><td>责令停业整顿90–120日</td></tr>
<tr><td>造成7人以上10人以下死亡，或者30人以上50人以下重伤，或者3000万元以上5000万元以下直接经济损失</td><td>责令停业整顿120–180日</td></tr>
<tr><td colspan="2">造成重大安全事故</td><td>降低资质等级</td></tr>
<tr><td colspan="2">造成特别重大安全事故</td><td>吊销资质证书</td></tr>
<tr><td rowspan="6">4.3</td><td rowspan="6">工程监理单位对施工单位拒不整改或者不停止施工，未及时向有关主管部门报告</td><td rowspan="6">《建设工程安全生产管理条例》第五十七条第三项违反本条例的规定，工程监理单位有下列行为之一的，责令限期改正；逾期未改正的，责令停业整顿，并处10万元以上30万元以下的罚款；情节严重的，降低资质等级，直至吊销资质证书；造成重大安全事故，构成犯罪的，对直接责任人员，依照刑法有关规定追究刑事责任；造成损失的，依法承担赔偿责任：
（三）施工单位拒不整改或者不停止施工，未及时向有关主管部门报告的；</td><td colspan="2">逾期未改正违法行为</td><td>责令停业整顿，直至改正违法行为</td></tr>
<tr><td rowspan="3">造成较大安全事故</td><td>造成3人以上5人以下死亡，或者10人以上20人以下重伤，或者1000万元以上2000万元以下直接经济损失</td><td>责令停业整顿60–90日</td></tr>
<tr><td>造成5人以上7人以下死亡，或者20人以上30人以下重伤，或者2000万元以上3000万元以下直接经济损失</td><td>责令停业整顿90–120日</td></tr>
<tr><td>造成7人以上10人以下死亡，或者30人以上50人以下重伤，或者3000万元以上5000万元以下直接经济损失</td><td>责令停业整顿120–180日</td></tr>
<tr><td colspan="2">造成重大安全事故</td><td>降低资质等级</td></tr>
<tr><td colspan="2">造成特别重大安全事故</td><td>吊销资质证书</td></tr>
</table>

续表

<table>
<tr><th>序号</th><th>违法行为</th><th>处罚依据</th><th colspan="2">违法情节和后果</th><th>处罚标准</th></tr>
<tr><td rowspan="6">4.4</td><td rowspan="6">工程监理单位未依照法律、法规和工程建设强制性标准实施监理</td><td rowspan="6">《建设工程安全生产管理条例》第五十七条第四项
违反本条例的规定，工程监理单位有下列行为之一的，责令限期改正；逾期未改正的，责令停业整顿，并处10万元以上30万元以下的罚款；情节严重的，降低资质等级，直至吊销资质证书；造成重大安全事故，构成犯罪的，对直接责任人员，依照刑法有关规定追究刑事责任；造成损失的，依法承担赔偿责任：
（四）未依照法律、法规和工程建设强制性标准实施监理的。</td><td colspan="2">逾期未改正违法行为</td><td>责令停业整顿，直至改正违法行为</td></tr>
<tr><td rowspan="3">造成较大安全事故</td><td>造成3人以上5人以下死亡，或者10人以上20人以下重伤，或者1000万元以上2000万元以下直接经济损失</td><td>责令停业整顿60-90日</td></tr>
<tr><td>造成5人以上7人以下死亡，或者20人以上30人以下重伤，或者2000万元以上3000万元以下直接经济损失</td><td>责令停业整顿90-120日</td></tr>
<tr><td>造成7人以上10人以下死亡，或者30人以上50人以下重伤，或者3000万元以上5000万元以下直接经济损失</td><td>责令停业整顿120-180日</td></tr>
<tr><td colspan="2">造成重大安全事故</td><td>降低资质等级</td></tr>
<tr><td colspan="2">造成特别重大安全事故</td><td>吊销资质证书</td></tr>
<tr><td rowspan="2">4.5</td><td rowspan="2">工程监理单位与建设单位或者建筑施工企业串通、弄虚作假、降低工程质量</td><td rowspan="2">《中华人民共和国建筑法》第六十九条
工程监理单位与建设单位或者建筑施工企业串通，弄虚作假、降低工程质量的，责令改正，处以罚款，降低资质等级或者吊销资质证书；有违法所得的，予以没收；造成损失的，承担连带赔偿责任；构成犯罪的，依法追究刑事责任。
《建设工程质量管理条例》第六十七条第一项
工程监理单位有下列行为之一的，责令改正，处50万元以上100万元以下的罚款，降低资质等级或者吊销资质证书；有违法所得的，予以没收；造成损失的，承担连带赔偿责任：
（一）与建设单位或者施工单位串通，弄虚作假、降低工程质量的；</td><td colspan="2">造成重大质量事故；或造成分部工程存在严重缺陷，经返修和加固处理仍不能满足安全使用要求</td><td>降低资质等级</td></tr>
<tr><td colspan="2">造成特别重大质量事故；或造成单位（子单位）工程存在严重缺陷，经返修和加固处理仍不能满足安全使用要求</td><td>吊销资质证书</td></tr>
<tr><td rowspan="2">4.6</td><td rowspan="2">工程监理单位将不合格的建设工程、建筑材料、建筑构配件和设备按照合格签字</td><td rowspan="2">《建设工程质量管理条例》第六十七条第二项
工程监理单位有下列行为之一的，责令改正，处50万元以上100万元以下的罚款，降低资质等级或者吊销资质证书；有违法所得的，予以没收；造成损失的，承担连带赔偿责任：
（二）将不合格的建设工程、建筑材料、建筑构配件和设备按照合格签字的。</td><td colspan="2">造成重大质量事故；或造成分部工程存在严重缺陷，经返修和加固处理仍不能满足安全使用要求</td><td>降低资质等级</td></tr>
<tr><td colspan="2">造成特别重大质量事故；或造成单位（子单位）工程存在严重缺陷，经返修和加固处理仍不能满足安全使用要求</td><td>吊销资质证书</td></tr>
<tr><td rowspan="2">4.7</td><td rowspan="2">工程监理单位与被监理工程的施工承包单位以及建筑材料、建筑构配件和设备供应单位有隶属关系或者其他利害关系承担该项建设工程的监理业务</td><td rowspan="2">《建设工程质量管理条例》第六十八条
违反本条例规定，工程监理单位与被监理工程的施工承包单位以及建筑材料、建筑构配件和设备供应单位有隶属关系或者其他利害关系承担该项建设工程的监理业务的，责令改正，处5万元以上10万元以下的罚款，降低资质等级或者吊销资质证书；有违法所得的，予以没收。</td><td colspan="2">造成重大质量事故；或造成分部工程存在严重缺陷，经返修和加固处理仍不能满足安全使用要求</td><td>降低资质等级</td></tr>
<tr><td colspan="2">造成特别重大质量事故；或造成单位（子单位）工程存在严重缺陷，经返修和加固处理仍不能满足安全使用要求</td><td>吊销资质证书</td></tr>
<tr><td rowspan="3">4.8</td><td rowspan="3">工程监理单位未按照民用建筑节能强制性标准实施监理</td><td rowspan="3">《民用建筑节能条例》第四十二条第（一）项
违反本条例规定，工程监理单位有下列行为之一的，由县级以上地方人民政府建设主管部门责令限期改正；逾期未改正的，处10万元以上30万元以下的罚款；情节严重的，由颁发资质证书的部门责令停业整顿，降低资质等级或者吊销资质证书；造成损失的，依法承担赔偿责任：
（一）未按照民用建筑节能强制性标准实施监理的；</td><td colspan="2">同一项目中，未按照2条以上5条以下民用建筑节能强制性标准进行监理的；或2次未按照民用建筑节能强制性标准进行监理</td><td>责令停业整顿30-90日</td></tr>
<tr><td colspan="2">同一项目中，未按照5条以上10条以下民用建筑节能强制性标准进行监理的；或3次未按照民用建筑节能强制性标准进行监理</td><td>降低资质等级</td></tr>
<tr><td colspan="2">同一项目中，未按照10条以上民用建筑节能强制性标准进行监理的；或4次以上未按照民用建筑节能强制性标准进行监理</td><td>吊销资质证书</td></tr>
<tr><td rowspan="3">4.9</td><td rowspan="3">工程监理单位在墙体、屋面的保温工程施工时，未采取旁站、巡视和平行检验等形式实施监理</td><td rowspan="3">《民用建筑节能条例》第四十二条第（二）项
违反本条例规定，工程监理单位有下列行为之一的，由县级以上地方人民政府建设主管部门责令限期改正；逾期未改正的，处10万元以上30万元以下的罚款；情节严重的，由颁发资质证书的部门责令停业整顿，降低资质等级或者吊销资质证书；造成损失的，依法承担赔偿责任：
（二）墙体、屋面的保温工程施工时，未采取旁站、巡视和平行检验等形式实施监理的；</td><td colspan="2">同一项目中，3次以上5次以下在墙体、屋面的保温工程施工时，未采取旁站、巡视和平行检验等形式实施监理</td><td>责令停业整顿30-90日</td></tr>
<tr><td colspan="2">同一项目中，5次以上10次以下在墙体、屋面的保温工程施工时，未采取旁站、巡视和平行检验等形式实施监理</td><td>降低资质等级</td></tr>
<tr><td colspan="2">同一项目中，10次以上在墙体、屋面的保温工程施工时，未采取旁站、巡视和平行检验等形式实施监理</td><td>吊销资质证书</td></tr>
</table>

续表

<table>
<tr><th>序号</th><th>违法行为</th><th>处罚依据</th><th colspan="2">违法情节和后果</th><th>处罚标准</th></tr>
<tr><td rowspan="7">4.10</td><td rowspan="7">工程监理单位超越核准的资质等级承揽工程</td><td rowspan="7">《中华人民共和国建筑法》第六十五条第二款
超越本单位资质等级承揽工程的，责令停止违法行为，处以罚款，可以责令停业整顿，降低资质等级；情节严重的，吊销资质证书；有违法所得的，予以没收。
《建设工程质量管理条例》第六十条第一款
违反本条例规定，勘察、设计、施工、工程监理单位超越本单位资质等级承揽工程的，责令停止违法行为，对勘察、设计单位或者工程监理单位处合同约定的勘察费、设计费或者监理酬金1倍以上2倍以下的罚款；对施工单位处工程合同价款2%以上4%以下的罚款，可以责令停业整顿，降低资质等级；情节严重的，吊销资质证书；有违法所得的，予以没收。</td><td colspan="2">2年内2次及以上同类型违法</td><td>责令停业整顿30-60日</td></tr>
<tr><td rowspan="4">造成一般、较大质量安全事故</td><td>造成3人以下死亡，或者10人以下重伤，或者1000万元以下直接经济损失</td><td>责令停业整顿30-60日</td></tr>
<tr><td>造成3人以上5人以下死亡，或者10人以上20人以下重伤，或者1000万元以上2000万元以下直接经济损失</td><td>责令停业整顿60-90日</td></tr>
<tr><td>造成5人以上7人以下死亡，或者20人以上30人以下重伤，或者2000万元以上3000万元以下直接经济损失</td><td>责令停业整顿90-120日</td></tr>
<tr><td>造成7人以上10人以下死亡，或者30人以上50人以下重伤，或者3000万元以上5000万元以下直接经济损失</td><td>责令停业整顿120-180日</td></tr>
<tr><td colspan="2">造成重大质量安全事故；造成分部工程存在严重缺陷，经返修和加固处理仍不能满足安全使用要求</td><td>降低资质等级</td></tr>
<tr><td colspan="2">造成特别重大质量安全事故；或造成单位（子单位）工程存在严重缺陷，经返修和加固处理仍不能满足安全使用要求</td><td>吊销资质证书</td></tr>
<tr><td rowspan="7">4.11</td><td rowspan="7">工程监理单位允许其他单位或者个人以本单位名义承揽工程</td><td rowspan="7">《建设工程质量管理条例》第六十一条
违反本条例规定，勘察、设计、施工、工程监理单位允许其他单位或者个人以本单位名义承揽工程的，责令改正，没收违法所得，对勘察、设计单位和工程监理单位处合同约定的勘察费、设计费和监理酬金1倍以上2倍以下的罚款；对施工单位处工程合同价款2%以上4%以下的罚款；可以责令停业整顿，降低资质等级；情节严重的，吊销资质证书。</td><td colspan="2">2年内2次及以上同类型违法</td><td>责令停业整顿30-60日</td></tr>
<tr><td rowspan="4">造成一般、较大质量安全事故</td><td>造成3人以下死亡，或者10人以下重伤，或者1000万元以下直接经济损失</td><td>责令停业整顿30-60日</td></tr>
<tr><td>造成3人以上5人以下死亡，或者10人以上20人以下重伤，或者1000万元以上2000万元以下直接经济损失</td><td>责令停业整顿60-90日</td></tr>
<tr><td>造成5人以上7人以下死亡，或者20人以上30人以下重伤，或者2000万元以上3000万元以下直接经济损失</td><td>责令停业整顿90-120日</td></tr>
<tr><td>造成7人以上10人以下死亡，或者30人以上50人以下重伤，或者3000万元以上5000万元以下直接经济损失</td><td>责令停业整顿120-180日</td></tr>
<tr><td colspan="2">造成重大质量安全事故；造成分部工程存在严重缺陷，经返修和加固处理仍不能满足安全使用要求</td><td>降低资质等级</td></tr>
<tr><td colspan="2">造成特别重大质量安全事故；或造成单位（子单位）工程存在严重缺陷，经返修和加固处理仍不能满足安全使用要求</td><td>吊销资质证书</td></tr>
<tr><td rowspan="7">4.12</td><td rowspan="7">工程监理单位转让工程监理业务</td><td rowspan="7">《中华人民共和国建筑法》第六十九条第二款
工程监理单位转让监理业务的，责令改正，没收违法所得，可以责令停业整顿，降低资质等级；情节严重的，吊销资质证书。
《建设工程质量管理条例》第六十二条第二款
工程监理单位转让工程监理业务的，责令改正，没收违法所得，处合同约定的监理酬金25%以上50%以下的罚款；可以责令停业整顿，降低资质等级；情节严重的，吊销资质证书。</td><td colspan="2">2年内2次及以上同类型违法</td><td>责令停业整顿30-60日</td></tr>
<tr><td rowspan="4">造成一般、较大质量安全事故</td><td>造成3人以下死亡，或者10人以下重伤，或者1000万元以下直接经济损失</td><td>责令停业整顿30-60日</td></tr>
<tr><td>造成3人以上5人以下死亡，或者10人以上20人以下重伤，或者1000万元以上2000万元以下直接经济损失</td><td>责令停业整顿60-90日</td></tr>
<tr><td>造成5人以上7人以下死亡，或者20人以上30人以下重伤，或者2000万元以上3000万元以下直接经济损失</td><td>责令停业整顿90-120日</td></tr>
<tr><td>造成7人以上10人以下死亡，或者30人以上50人以下重伤，或者3000万元以上5000万元以下直接经济损失</td><td>责令停业整顿120-180日</td></tr>
<tr><td colspan="2">造成重大质量安全事故；造成分部工程存在严重缺陷，经返修和加固处理仍不能满足安全使用要求</td><td>降低资质等级</td></tr>
<tr><td colspan="2">造成特别重大质量安全事故；或造成单位（子单位）工程存在严重缺陷，经返修和加固处理仍不能满足安全使用要求</td><td>吊销资质证书</td></tr>
<tr><td>4.13</td><td>工程监理单位以欺骗手段取得资质证书</td><td>《中华人民共和国行政许可法》第七十九条
被许可人以欺骗、贿赂等不正当手段取得行政许可的，行政机关应当依法给予行政处罚；取得的行政许可属于直接关系公共安全、人身健康、生命财产安全事项的，申请人在三年内不得再次申请该行政许可；构成犯罪的，依法追究刑事责任。
《工程监理企业资质管理规定》第二十八条
以欺骗、贿赂等不正当手段取得工程监理企业资质证书的，由县级以上地方人民政府住房城乡建设主管部门或者有关部门给予警告，并处1万元以上2万元以下的罚款，申请人3年内不得再次申请工程监理企业资质。</td><td colspan="2">以欺骗手段取得资质证书</td><td>撤销资质，3年内不得再次申请该资质。</td></tr>
</table>

国务院办公厅转发住房城乡建设部关于完善质量保障体系提升建筑工程品质指导意见的通知

国办函〔2019〕92号

各省、自治区、直辖市人民政府，国务院有关部门：

住房城乡建设部《关于完善质量保障体系提升建筑工程品质的指导意见》已经国务院同意，现转发给你们，请认真贯彻落实。

国务院办公厅

2019年9月15日

关于完善质量保障体系提升建筑工程品质的指导意见

住房城乡建设部建筑工程质量事关人民群众生命财产安全，事关城市未来和传承，事关新型城镇化发展水平。近年来，我国不断加强建筑工程质量管理，品质总体水平稳步提升，但建筑工程量大面广，各种质量问题依然时有发生。为解决建筑工程质量管理面临的突出问题，进一步完善质量保障体系，不断提升建筑工程品质，现提出以下意见。

一、总体要求

以习近平新时代中国特色社会主义思想为指导，全面贯彻党的十九大和十九届二中、三中全会以及中央城镇化工作会议、中央城市工作会议精神，按照党中央、国务院决策部署，坚持以人民为中心，牢固树立新发展理念，以供给侧结构性改革为主线，以建筑工程质量问题为切入点，着力破除体制机制障碍，逐步完善质量保障体系，不断提高工程质量抽查符合率和群众满意度，进一步提升建筑工程品质总体水平。

二、强化各方责任

（一）突出建设单位首要责任。建设单位应加强对工程建设全过程的质量管理，严格履行法定程序和质量责任，不得违法违规发包工程。建设单位应切实落实项目法人责任制，保证合理工期和造价。建立工程质量信息公示制度，建设单位应主动公开工程竣工验收等信息，接受社会监督。（住房城乡建设部、发展改革委负责）

（二）落实施工单位主体责任。施工单位应完善质量管理体系，建立岗位责任制度，设置质量管理机构，配备专职质量负责人，加强全面质量管理。推行工程质量安全手册制度，推进工程质量管理标准化，将质量管理要求落实到每个项目和员工。建立质量责任标识制度，对关键工序、关键部位隐蔽工程实施举牌验收，加强施工记录和验收资料管理，实现质量责任可追溯。施工单位对建筑工程的施工质量负责，不得转包、违法分包工程。（住房城乡建设部负责）

（三）明确房屋使用安全主体责任。房屋所有权人应承担房屋使用安全主体责任。房屋所有权人和使用人应正确使用和维护房屋，严禁擅自变动房屋建筑主体和承重结构。加强房屋使用安全管理，房屋所有权人及其委托的管理服务单位要定期对房屋安全进行检查，有效履行房屋维修保养义务，切实保证房屋使用安全。（住房城乡建设部负责）

（四）履行政府的工程质量监管责任。强化政府对工程建设全过程的质量监管，鼓励采取政府购买服务的方式，委托具备条件的社会力量进行工程质量监督检查和抽测，探索工程监理企业参与监管模式，健全省、市、县监管体系。完善日常检查和抽查抽测相结合的质量监督检查制度，全面推行“双随机、一公开”检查方式和“互联网＋监管”模式，落实监管责任。加强工程质量监督队伍建设，监督机构履行监督职能所需经费由同级财政预算全额保障。强化工程设计安全监管，加强对结构计算书的复核，提高设计结构整体安全、消防安全等水平。（住房城乡建设

部、发展改革委、财政部、应急部负责）

三、完善管理体制

（一）改革工程建设组织模式。推行工程总承包，落实工程总承包单位在工程质量安全、进度控制、成本管理等方面的责任。完善专业分包制度，大力发展专业承包企业。积极发展全过程工程咨询和专业化服务，创新工程监理制度，严格落实工程咨询（投资）、勘察设计、监理、造价等领域职业资格人员的质量责任。在民用建筑工程中推进建筑师负责制，依据双方合同约定，赋予建筑师代表建设单位签发指令和认可工程的权利，明确建筑师应承担的责任。（住房城乡建设部、发展改革委负责）

（二）完善招标投标制度。完善招标人决策机制，进一步落实招标人自主权，在评标定标环节探索建立能够更好满足项目需求的制度机制。简化招标投标程序，推行电子招标投标和异地远程评标，严格评标专家管理。强化招标主体责任追溯，扩大信用信息在招标投标环节的规范应用。严厉打击围标、串标和虚假招标等违法行为，强化标后合同履约监管。（发展改革委、住房城乡建设部、市场监管总局负责）

（三）推行工程担保与保险。推行银行保函制度，在有条件的地区推行工程担保公司保函和工程保证保险。招标人要求中标人提供履约担保的，招标人应当同时向中标人提供工程款支付担保。对采用最低价中标的探索实行高保额履约担保。组织开展工程质量保险试点，加快发展工程质量保险。（住房城乡建设部、发展改革委、财政部、人民银行、银保监会负责）

（四）加强工程设计建造管理。贯彻落实“适用、经济、绿色、美观”的建筑方针，指导制定符合城市地域特征的建筑设计导则。建立建筑“前策划、后评估”制度，完善建筑设计方案审查论证机制，提高建筑设计方案决策水平。加强住区设计管理，科学设计单体住宅户型，增强安全性、实用性、宜居性，提升住区环境质量。严禁政府投资项目超标准建设。严格控制超高层建筑建设，严格执行超限高层建筑工程抗震设防审批制度，加强超限高层建筑抗震、消防、节能等管理。创建建筑品质示范工程，加大对优秀企业、项目和个人的表彰力度；在招标投标、金融等方面加大对优秀企业的政策支持力度，鼓励将企业质量情况纳入招标投标评审因素。（住房城乡建设部、发展改革委、工业和信息化部、人力资源社会保障部、应急部、人民银行负责）

（五）推行绿色建造方式。完善绿色建材产品标准和认证评价体系，进一步提高建筑产品节能标准，建立产品发布制度。大力发展装配式建筑，推进绿色施工，通过先进技术和科学管理，降低施工过程对环境的不利影响。建立健全绿色建筑标准体系，完善绿色建筑评价标识制度。（住房城乡建设部、发展改革委、工业和信息化部、市场监管总局负责）

（六）支持既有建筑合理保留利用。推动开展老城区、老工业区保护更新，引导既有建筑改建设计创新。依法保护和合理利用文物建筑。建立建筑拆除管理制度，不得随意拆除符合规划标准、在合理使用寿命内的公共建筑。开展公共建筑、工业建筑的更新改造利用试点示范。制定支持既有建筑保留和更新利用的消防、节能等相关配套政策。（住房城乡建设部、发展改革委、工业和信息化部、应急部、文物局负责）

四、健全支撑体系

（一）完善工程建设标准体系。系统制定全文强制性工程建设规范，精简整合政府推荐性标准，培育发展团体和企业标准，加快适应国际标准通行规则。组织开展重点领域国内外标准比对，提升标准水平。加强工程建设标准国际交流合作，推动一批中国标准向国际标准转化和推广应用。（住房城乡建设部、市场监管总局、商务部负责）

（二）加强建材质量管理。建立健全缺陷建材产品响应处理、信息共享和部门协同处理机制，落实建材生产单位和供应单位终身责任，规范建材市场秩序。强化预拌混凝土生产、运输、使用环节的质量管理。鼓励企业建立装配式建筑部品部件生产和施工安装全过程质量控制体系，对装配式建筑部品部件实行驻厂监造制度。建立从生产到使用全过程的建材质量追溯机制，并将相关信息向社会公示。（市场监管总局、住房城乡建设部、工业和信息化部负责）

（三）提升科技创新能力。加大建筑业技术创新及研发投入，推进产学研用一体化，突破重点领域、关键共性技术开发应用。加大重大装备和数字化、智能化工程建设装备研发力度，全面提升工程装备技术水平。推进建筑信息模型（BIM）、大数据、移动互联网、云计算、物联网、人工智能等技术在设计、施工、运营维护全过程的集成应用，推广工程建设数字化成果交付与应用，提升建筑业信息化水平。（科技部、工业和信息化部、住房城乡建设部负责）

（四）强化从业人员管理。加强建筑业从业人员职业教育，大力开展建筑工人职业技能培训，鼓励建立职业培训实训基地。加强职业技能鉴定站点建设，完善技能鉴定、职业技能等级认定等多元评价体系。推行建筑工人实名制管理，加快全国建筑工人管理服务信息平台建设，促进企业使用符合岗位要求的技能工人。建立健全与建筑业相适应的社会保险参保缴费方式，大力推进建筑施工单位参加工伤保险，保障建筑工人合法权益。（住房城乡建设部、人力资源社会保障部、财政部负责）

五、加强监督管理

（一）推进信用信息平台建设。完善全国建筑市场监管公共服务平台，加强信息归集，健全违法违规行为记录制度，及时公示相关市场主体的行政许可、行政处罚、抽查检查结果等信息，并与国家企业信用信息公示系统、全国信用信息共享平台等实现数据共享交换。建立建筑市场主体黑名单制度，对违法违规的市场主体实施联合惩戒，将工程质量违法违规等记录作为企业信用评价的重要内容。（住房城乡建设部、发展改革委、人民银行、市场监管总局负责）

（二）严格监管执法。加大建筑工程质量责任追究力度，强化工程质量终身责任落实，对违反有关规定、造成工程质量事故和严重质量问题的单位和个人依法严肃查处曝光，加大资质资格、从业限制等方面处罚力度。强化个人执业资格管理，对存在证书挂靠等违法违规行为的注册执业人员，依法给予暂扣、吊销资格证书直至终身禁止执业的处罚。（住房城乡建设部负责）

（三）加强社会监督。相关行业协会应完善行业约束与惩戒机制，加强行业自律。建立建筑工程责任主体和责任人公示制度。企业须公开建筑工程项目质量信息，接受社会监督。探索建立建筑工程质量社会监督机制，支持社会公众参与监督、合理表达质量诉求。各地应完善建筑工程质量投诉和纠纷协调处理机制，明确工程质量投诉处理主体、受理范围、处理流程和办结时限等事项，定期向社会通报建筑工程质量投诉处理情况。（住房城乡建设部、发展改革委、市场监管总局负责）

（四）强化督促指导。建立健全建筑工程质量管理、品质提升评价指标体系，科学评价各地执行工程质量法律法规和强制性标准、落实质量责任制度、质量保障体系建设、质量监督队伍建设、建筑质量发展、公众满意程度等方面状况，督促指导各地切实落实建筑工程质量管理各项工作措施。（住房城乡建设部负责）

六、抓好组织实施

各地区、各相关部门要高度重视完善质量保障体系、提升建筑工程品质工作，健全工作机制，细化工作措施，突出重点任务，确保各项工作部署落到实处。强化示范引领，鼓励有条件的地区积极开展试点，形成可复制、可推广的经验。加强舆论宣传引导，积极宣传各地的好经验、好做法，营造良好的社会氛围。

2019年10月开始实施的工程建设标准

序号	标准编号	标准名称	发布日期	实施日期
国家标准				
1	GB/T 51308—2019	海上风力发电场设计标准	2019/2/13	2019/10/1
2	GB/T 50543—2019	建筑卫生陶瓷工厂节能设计标准	2019/2/13	2019/10/1
3	GB/T 50558—2019	水泥工厂环境保护设施设计标准	2019/2/13	2019/10/1
4	GB/T 50527—2019	平板玻璃工厂节能设计标准	2019/2/13	2019/10/1
5	GB/T 50562—2019	煤炭矿井工程基本术语标准	2019/2/13	2019/10/1
6	GB/T 51344—2019	加油站在役油罐防渗漏改造工程技术标准	2019/2/13	2019/10/1
7	GB/T 51356—2019	绿色校园评价标准	2019/3/13	2019/10/1
8	GB/T 51358—2019	城市地下空间规划标准	2019/3/13	2019/10/1
9	GB 50352—2019	民用建筑设计统一标准	2019/3/13	2019/10/1
10	GB 51364—2019	船舶工业工程项目环境保护设施设计标准	2019/5/24	2019/10/1
11	GB/T 50597—2019	纺织工程常用术语、计量单位及符号标准	2019/5/24	2019/10/1
12	GB/T 51365—2019	网络工程验收标准	2019/5/24	2019/10/1
13	GB/T 51374—2019	火炸药环境电气安装工程施工及验收标准	2019/6/5	2019/10/1

续表

序号	标准编号	标准名称	发布日期	实施日期
14	GB/T 51375—2019	网络工程设计标准	2019/6/5	2019/10/1
15	GB 51371—2019	废弃电线电缆光缆处理工程设计标准	2019/5/24	2019/10/1
16	GB/T 50123—2019	土工试验方法标准	2019/5/24	2019/10/1
17	GB/T 51372—2019	小型水电站水能设计标准	2019/5/24	2019/10/1
18	GB/T 51373—2019	兵器工业环境保护工程设计标准	2019/5/24	2019/10/1
19	GB 50425—2019	纺织工业环境保护设施设计标准	2019/5/24	2019/10/1
20	GB/T 51362—2019	制造工业工程设计信息模型应用标准	2019/5/24	2019/10/1
21	GB51363—2019	干熄焦工程设计标准	2019/5/24	2019/10/1
22	GB/T 51317—2019	石油天然气工程施工质量验收统一标准	2019/5/24	2019/10/1
		行业标准		
1	JGJ/T 464—2019	建筑门窗安装工职业技能标准	2019/2/1	2019/10/1
2	JGJ/T 474—2019	住房公积金资金管理业务标准	2019/2/1	2019/10/1
3	JGJ 475—2019	温和地区居住建筑节能设计标准	2019/2/1	2019/10/1
4	JGJ/T 463—2019	古建筑工职业技能标准	2019/2/1	2019/10/1
5	CJJ/T 137—2019	生活垃圾焚烧厂评价标准	2019/2/1	2019/10/1
6	JGJ/T 469—2019	装配式钢结构住宅建筑技术标准	2019/6/18	2019/10/1
7	JGJ 39—2016	托儿所、幼儿园建筑设计规范	2019/8/29	2019/10/1
8	JGJ/T 461—2019	公共建筑室内空气质量控制设计标准	2019/5/17	2019/10/1
9	JGJ/T 253—2019	无机轻集料砂浆保温系统技术标准	2019/5/17	2019/10/1

2019年9月1日至10月31日公布的工程建设标准

序号	标准编号	标准名称	发布日期	实施日期
		国家标准		
1	GB/T 51296—2018	石油化工工程数字化交付标准	2018/9/11	2019/3/1
2	GB/T 51351—2019	建筑边坡工程施工质量验收标准	2019/1/24	2019/9/1
3	GB/T 51355—2019	既有混凝土结构耐久性评定标准	2019/2/13	2019/8/1
4	GB/T 51356—2019	绿色校园评价标准	2019/3/13	2019/10/1
5	GB/T 51347—2019	农村生活污水处理工程技术标准	2019/4/9	2019/12/1
6	GB/T 51318—2019	沉管法隧道设计标准	2019/5/24	2019/12/1
7	GB 50365—2019	空调通风系统运行管理标准	2019/5/24	2019/12/1
8	GB 50025—2018	湿陷性黄土地区建筑标准	2018/12/26	2019/8/1
9	GB/T 51344—2019	加油站在役油罐防渗漏改造工程技术标准	2019/2/13	2019/10/1
10	GB/T 50527—2019	平板玻璃工厂节能设计标准	2019/2/13	2019/10/1
11	GB/T 50558—2019	水泥工厂环境保护设施设计标准	2019/2/13	2019/10/1
12	GB/T 51308—2019	海上风力发电场设计标准	2019/2/13	2019/10/1
13	GB/T 51346—2019	城市绿地规划标准	2019/4/9	2019/12/1
14	GB/T 50113—2019	滑动模板工程技术标准	2019/5/24	2019/12/1
15	GB 50144—2019	工业建筑可靠性鉴定标准	2019/6/19	2019/12/1
16	GB/T 50081—2019	混凝土物理力学性能试验方法标准	2019/6/19	2019/12/1
17	GB/T 51368—2019	建筑光伏系统应用技术标准	2019/6/19	2019/12/1
18	GB/T 50476—2019	混凝土结构耐久性设计标准	2019/6/19	2019/12/1
19	GB/T 50115—2019	工业电视系统工程设计标准	2019/8/12	2019/12/1

续表

序号	标准编号	标准名称	发布日期	实施日期
20	GB/T 51380—2019	宽带光纤接入工程技术标准	2019/8/12	2019/12/1
21	GB 50457—2019	医药工业洁净厂房设计标准	2019/8/12	2019/12/1
22	GB/T 51381—2019	柔性直流输电换流站设计标准	2019/8/12	2019/12/1
23	GB/T 51379—2019	岩棉工厂设计标准	2019/8/12	2019/12/1
24	GB/T 50568—2019	油气田及管道岩土工程勘察标准	2019/8/12	2019/12/1
行业标准				
1	CJJ/T 137—2019	生活垃圾焚烧厂评价标准	2019/2/1	2019/10/1
2	JGJ 475—2019	温和地区居住建筑节能设计标准	2019/2/1	2019/10/1
3	JGJ/T 474—2019	住房公积金资金管理业务标准	2019/2/1	2019/10/1
4	JGJ/T 464—2019	建筑门窗安装工职业技能标准	2019/2/1	2019/10/1
5	JGJ/T 462—2019	模板工职业技能标准	2019/4/19	2019/8/1
6	JGJ/T 442—2019	开合屋盖结构技术标准	2019/4/19	2019/11/1
7	JGJ/T 253—2019	无机轻集料砂浆保温系统技术标准	2019/5/17	2019/10/1
8	JGJ/T 461—2019	公共建筑室内空气质量控制设计标准	2019/5/17	2019/10/1
9	JGJ/T 463—2019	古建筑工职业技能标准	2019/2/1	2019/10/1
10	CJJ/T 296—2019	工程建设项目业务协同平台技术标准	2019/3/20	2019/9/1
11	CJJ/T 134—2019	建筑垃圾处理技术标准	2019/3/29	2019/11/1
12	JGJ 144—2019	外墙外保温工程技术标准	2019/3/29	2019/11/1
13	CJJ/T 293—2019	城市轨道交通预应力混凝土节段预制桥梁技术标准	2019/3/29	2019/11/1
14	JGJ/T 187—2019	塔式起重机混凝土基础工程技术标准	2019/3/29	2019/11/1
15	CJJ/T 291—2019	地源热泵系统工程勘察标准	2019/4/19	2019/11/1
16	CJJ/T 107—2019	生活垃圾填埋场无害化评价标准	2019/4/19	2019/11/1
17	CJJ/T 290—2019	城市轨道交通桥梁工程施工及验收标准	2019/4/19	2019/11/1
18	JGJ/T 479—2019	低温辐射自限温电热片供暖系统应用技术标准	2019/5/17	2019/12/1

2019年9月开始实施的工程建设标准

序号	标准编号	标准名称	发布日期
国家标准			
1	GB/T 51350—2019	近零能耗建筑技术标准	2019/1/24
2	GB/T 51351—2019	建筑边坡工程施工质量验收标准	2019/1/24
3	GB 51324—2019	灾区过渡安置点防火标准	2019/1/24
4	GB/T 51349—2019	林产加工工业职业安全卫生设计标准	2019/1/24
5	GB 50688—2011（2019年版）	城市道路交通设施设计规范	2019/6/5
行业标准			
1	CJJ/T 296—2019	工程建设项目业务协同平台技术标准	2019/3/20
2	CJJ 11—2011（2019年版）	城市桥梁设计规范	2019/6/5
产品行业标准			
1	JG/T 567—2019	建筑用轻质高强陶瓷板	2019/3/4
2	CJ/T 537—2019	多层钢丝缠绕改性聚乙烯耐磨复合管	2019/3/4
3	JG/T 561—2019	预制保温墙体用纤维增强塑料连接件	2019/3/4
4	CJ/T 536—2019	可调式堰门	2019/3/4
5	JG/T 560—2019	建筑用槽式预埋组件	2019/3/4

本期焦点

中国建设监理协会印发《建设工程监理工作标准体系》

工程监理工作标准化建设意义重大。从整个行业角度而言，建立和完善工程监理工作标准体系，是进一步发挥工程监理作用、促进工程监理行业持续健康发展的重要途径。对工程监理企业而言，建立和完善工程监理工作标准体系，一方面有利于工程监理企业提升服务水平，另一方面对部分工程监理企业的不规范行为带来约束。此外，对于政府有关部门及工程参建各方主体全面深入理解工程监理具有重要作用。

为了促进工程监理工作标准化建设，做好工程监理工作标准顶层设计，中国建设监理协会组织高等学校、行业协会和工程监理企业专家、学者研究"工程监理工作标准体系"。课题组遵循"立足顶层设计、团体标准为主、覆盖专业工程、发挥引导作用、突出工作重点"的原则，在中国建设监理协会组织和领导下，经过一年多系统深入研究，最终形成课题研究报告。

课题研究报告共包括以下四部分内容：

（1）工程监理工作标准的建立和实施现状。分析中国工程监理制度建立以来监理工作标准建立和实施的基本情况，包括国家标准和地方标准。

（2）工程监理工作标准化意义及标准框架体系。在阐述工程监理工作标准化意义的基础上，结合工程监理工作内容和工程建设发展趋势，构建工程监理工作标准框架体系。

（3）工程监理工作标准内容设计。基于工程监理工作标准框架体系，分别针对专项监理工作设计其标准应包含的内容，为专项监理工作标准的编制提供指导和奠定基础。

（4）工程监理工作标准化实施建议。按照《国务院关于印发深化标准化工作改革方案的通知》（国发〔2015〕13号）精神，充分发挥行业协会作用，提出加快编制和实施团体标准的政策及措施建议。

本课题主要参加人员：刘伊生、孙占国、杨卫东、龚花强、李伟、严晓东、李明安、付晓明。课题研究得到中国建设监理协会及有关单位各位领导的大力支持，在此一并表示衷心感谢！

课题组

关于印发《建设工程监理工作标准体系》的通知

中建监协〔2019〕60号

各省、自治区、直辖市建设监理协会，有关行业建设监理专业委员会，中国建设监理协会各分会：

为建立和完善工程监理标准体系，推进工程监理工作标准化，促进工程监理行业持续健康发展，我协会组织开展了建设工程监理工作标准体系课题研究，形成了《建设工程监理工作标准体系研究报告》，现将课题成果《建设工程监理工作标准体系》印发给你们，供参考。

附件：建设工程监理工作标准体系

中国建设监理协会

2019 年 10 月 21 日

附件：

工程监理工作标准化及标准框架体系

工程监理标准化是指为在工程监理活动中获得最佳秩序，针对实际或潜在的问题制定共同和重复使用的规则的活动。工程监理标准化的实质是制定、发布和实施工程监理标准（包括标准、规范、规程、导则、指南等），使工程监理各项活动达到规范化、科学化、程序化。工程监理标准化的目的是获得工程监理“最佳秩序”和综合效益（经济效益、社会效益和环境效益），促进工程监理制度不断完善和工程监理行业持续健康发展。

1.1　工程监理工作标准框架体系

为实现工程监理工作标准化，仅靠一部国家标准——《建设工程监理规范》GB/T 50319—2013 难以满足要求。各地、各行业发布和实施的工程监理标准尚未形成完整的工程监理工作标准体系。为此，首先需要进行系统深入研究，对工程监理工作标准体系进行顶层设计，通过构建工程监理工作标准框架体系，为不断完善工程监理工作标准体系提供指导。

为了全面体现工程监理工作标准，工程监理工作标准体系可从三个维度构建，即：专业工程维、工作任务维和人员职责维，如图 1–1 所示。

各个维度的工程监理工作标准既各有侧重，又相互补充，共同构成工程监理工作标准体系。为更好地促进工程监理制度的有效实施，项目监理机构人员配置标准、项目监理机构设施配置标准、项目监理机构考核标准也是工程监理工作标准体系的重要内容。

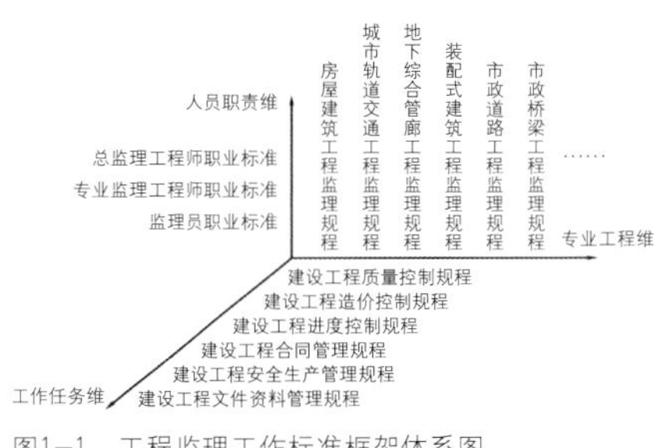

图1–1　工程监理工作标准框架体系图

在表 1–1 所述工程监理工作标准体系下，还可结合工程监理专项工作进一步建立细分工作标准。建议的工程监理专项工作标准见表 1–2。

1.2　工程监理工作团体标准编码

（1）基本要求

国家质量监督检验检疫总局、国家标准化管理委员会、民政部 2017 年联合印发的《团体标准管理规定（试行）》（国质检标联〔2017〕536 号）明确规定，团体标准编号依次由团体标准代号、社会团体代号、团体标准顺序号和年代号组成。团体标准编号方法如下：

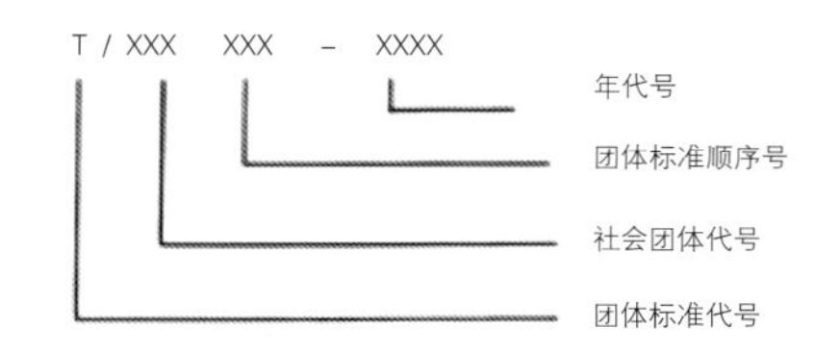

社会团体代号由社会团体自主拟定，可使用大写拉丁字母或大写拉丁字母与阿拉伯数字的组合。社会团体代号应当合法，不得与现有标准代号重复。

（2）工程监理工作团体标准编码建议

1）专业工程监理工作标准。针对不同专业工程特点及监理工作要求，研究编制相应的监理工作标准。以团体标准形式由中国建设监理协会发布的，则可按“T/CAEC/E+ 序号 – 发布年份”进行编码，其中，“CAEC”表示“中国建设监理协会”；“E”表示“工程”。

2）工程监理工作任务标准。针对不同管控目标及监理工作要求，研究编制相应的监理工作标准。以团体标准形式由中国建设监理协会发布的，则可按“T/CAEC/T+ 序号 – 发布年份”进行编码，其中，“CAEC”表示“中国建设监理协会”；“T”表示“任务”。

3）工程监理人员职业标准。针对不同层级监理人员职责及监理工作要求，研究编制相应的监理工作标准。以团体标准形式由中国建设监理协会发布的，则可按“T/CAEC/P+ 序号 – 发布年份”进行编码，其中，“CAEC”表示“中国建设监理协会”；“P”表示“职业”。

4）项目监理机构人员配置及考核标准。以团体标准形式由中国建设监理协会发布的，则可按“T/CAEC/D+ 序号 – 发布年份”进行编码，其中，“CAEC”表示“中国建设监理协会”；“D”表示“项目监理机构”。

工程监理工作标准体系　　**表1–1**

标准维度	标准名称	标准类别
专业工程监理工作标准	房屋建筑工程监理规程	行业标准或团体标准
	城市轨道交通工程监理规程	
	地下综合管廊工程监理规程	
	装配式建筑工程监理规程	
	市政道路工程监理规程	
	市政桥梁工程监理规程	
	注：公路工程、铁路工程、电力工程、水利水电工程等可由相应行业主管部门或行业协会发布行业标准或团体标准	
工程监理工作任务标准	建设工程质量控制规程	团体标准
	建设工程造价控制规程	团体标准
	建设工程进度控制规程	团体标准
	建设工程合同管理规程	团体标准
	建设工程安全生产管理规程	团体标准
	建设工程文件资料管理规程	团体标准
工程监理人员职业标准	总监理工程师职业标准	团体标准
	专业监理工程师职业标准	团体标准
	监理员职业标准	团体标准
其他	项目监理机构人员配置标准	团体标准
	项目监理机构设施配置标准	团体标准
	项目监理机构考核标准	团体标准

工程监理专项工作标准　　**表1–2**

标准名称	标准类别
建设工程施工组织设计审查导则（或指南）	团体标准
建设工程（专项）施工方案审查导则（或指南）	团体标准
建设工程施工进度计划审查导则（或指南）	团体标准
施工现场工程材料及构配件质量检验导则（或指南）	团体标准
隐蔽工程验收导则（或指南）	团体标准
分部分项工程验收导则（或指南）	团体标准
危险性较大的分部分项工程监理导则（或指南）	团体标准
工程设备驻厂监造导则（或指南）	团体标准
……	团体标准

2 工程监理工作标准内容设计

编制工程监理工作标准，应以项目监理机构为主体，结合法律法规及政策要求，既要与工程设计、施工及验收等标准相联系，相辅相成；又要区别于这些技术与管理标准，自成体系。内容要系统全面，涵盖工程监理工作的各个方面，还要具有可操作性，能够规范和指导工程监理人员的具体工作。

2.1 专业工程监理工作标准

专业工程监理工作标准主要包括：房屋建筑工程监理规程、城市轨道交通工程监理规程、地下综合管廊工程监理规程、装配式建筑工程监理规程、市政道路工程监理规程、市政桥梁工程监理规程等。

2.1.1 房屋建筑工程监理规程内容

《房屋建筑工程监理规程》应充分结合房屋建筑工程特点及监理工作要求，明确工程监理程序、内容和方法。具体可考虑以下内容：

（1）总则（包括主要目的、适用范围；监理工作依据和原则）

（2）术语

（3）基本规定

（4）项目监理机构人员配备及职责

（5）监理规划及监理实施细则

（6）多（单）层建筑工程监理

（7）高层建筑工程监理

（8）超高层建筑工程监理

（9）钢结构工程监理

（10）高耸构筑物工程监理

（11）监理文件资料管理及工作用表

2.1.2 城市轨道交通工程监理规程内容

《城市轨道交通工程监理规程》应充分结合城市轨道交通工程特点及监理工作要求，明确工程监理程序、内容和方法。具体可考虑以下内容：

（1）总则（包括主要目的、适用范围；监理工作依据和原则）

（2）术语

（3）基本规定

（4）项目监理机构人员配备及职责

（5）监理规划及监理实施细则

（6）区间隧道工程监理

（7）车站工程监理

（8）轨道及设备安装工程监理

（9）监理文件资料管理及工作用表

2.1.3 地下综合管廊工程监理规程内容

《地下综合管廊工程监理规程》应充分结合地下综合管廊工程特点及监理工作要求，明确工程监理程序、内容和方法。具体可考虑以下内容：

（1）总则（包括主要目的、适用范围；监理工作依据和原则）

（2）术语

（3）基本规定

（4）项目监理机构人员配备及职责

（5）监理规划及监理实施细则

（6）明挖现浇管廊工程监理

（7）明挖预制管廊工程监理

（8）盾构法管廊工程监理

（9）浅埋暗挖管廊工程监理

（10）箱涵顶进管廊工程监理

（11）专业管线入廊安装工程监理

（12）管廊管线标识工程监理

（13）管廊通风及照明工程监理

（14）管廊环境检测报警系统工程监理

（15）监理文件资料管理及工作用表

2.1.4 装配式建筑工程监理规程

《装配式建筑工程监理规程》应充分结合装配式建筑工程特点及监理工作要求，明确工程监理程序、内容和方法。具体可考虑以下内容：

（1）总则（包括主要目的、适用范围；监理工作依据和原则）

（2）术语（装配式建筑；预制装配式混凝土结构；钢结构；现代木结构；驻厂监造；驻厂监理工作组；驻厂监理工程师；套筒灌浆连接等）

（3）基本规定

（4）项目监理机构人员配备及职责

（5）监理规划及监理实施细则

（6）质量控制（包括：一般规定；驻厂监造；施工现场装配安装质量控制）

（7）进度控制（包括：一般规定；驻厂监造进度控制；施工现场进度控制）

（8）造价控制（包括：一般规定；驻厂监造造价控制；施工现场造价控制）

（9）安全生产管理（包括：一般规定；驻厂监造安全生产管理；施工现场安全生产管理）

（10）设备监控（包括：一般规定；生产设备监控；运输设备管理；吊装设备监控；支撑设备设施监控；灌浆设备监控）

（11）信息化技术及其应用（包括：一般规定；BIM 技术及其应用；大数据技术及其应用；物联网技术及其应用；云平台技术及其应用）

（12）监理文件资料管理及工作用表

2.1.5 市政道路工程监理规程

《市政道路工程监理规程》应充分结合市政道路工程特点及监理工作要求，明确工程监理程序、内容和方法。具体可考虑以下内容：

（1）总则（包括监理工作依据）

（2）术语

（3）基本规定

（4）项目监理机构人员配备及职责

（5）监理规划及监理实施细则

（6）路基工程监理

（7）路面工程监理

（8）监理文件资料管理及工作用表

2.1.6　市政桥梁工程监理规程

《市政桥梁工程监理规程》应充分结合市政桥梁工程特点及监理工作要求，明确工程监理程序、内容和方法。具体可考虑以下内容：

（1）总则（包括监理工作依据）

（2）术语

（3）基本规定

（4）项目监理机构人员配备及职责

（5）监理规划及监理实施细则

（6）桥梁基础工程监理

（7）桥梁下部结构工程监理

（8）桥梁上部结构及路面工程监理

（9）监理文件资料管理及工作用表

2.2　工程监理工作任务标准

工程监理工作任务标准主要包括：建设工程质量控制规程、建设工程造价控制规程、建设工程进度控制规程、建设工程合同管理规程、建设工程安全生产管理规程、建设工程文件资料管理规程。

2.2.1　建设工程质量控制规程内容

《建设工程质量控制规程》应充分结合建设工程特点及项目监理机构质量控制工作要求，并考虑与相关技术标准相衔接，明确工程质量控制程序、内容和方法。

（1）《房屋建筑工程质量控制规程》内容。具体可考虑以下内容：

1）总则（包括质量控制工作依据、原则）

2）术语

3）工程质量控制工作程序和内容

4）地基与基础工程质量控制（相关技术标准、控制要点及措施）

5）主体结构工程质量控制（相关技术标准、控制要点及措施）

6）建筑屋面工程质量控制（相关技术标准、控制要点及措施）

7）建筑装饰装修工程质量控制（相关技术标准、控制要点及措施）

8）建筑给水、排水及采暖工程质量控制（相关技术标准、控制要点及措施）

9）建筑电气工程质量控制（相关技术标准、控制要点及措施）

10）通风与空调工程质量控制（相关技术标准、控制要点及措施）

11）电梯工程质量控制（相关技术标准、控制要点及措施）

12）智能建筑工程质量控制（相关技术标准、控制要点及措施）

13）节能工程质量控制（相关技术标准、控制要点及措施）

14）消防工程监理

15）室外配套工程监理

16）住宅工程分户验收

17）房屋建筑工程质量控制文件资料及工作用表

（2）《市政工程质量控制规程》内容。具体可考虑以下内容：

1）总则（包括质量控制工作依据、原则）

2）术语

3）工程质量控制工作程序和内容

4）城市道路工程质量控制（相关技术标准、控制要点及措施）

5）城市桥梁工程质量控制（相关技术标准、控制要点及措施）

6）城市轨道交通工程质量控制（相关技术标准、控制要点及措施）

7）城市给水排水工程质量控制（相关技术标准、控制要点及措施）

8）燃气、热力工程质量控制（相关技术标准、控制要点及措施）

9）垃圾处理工程质量控制（相关技术标准、控制要点及措施）

10）园林绿化工程质量控制（相关技术标准、控制要点及措施）

11）地下综合管廊工程质量控制（相关技术标准、控制要点及措施）

12）市政工程质量控制文件资料及工作用表

2.2.2　建设工程造价控制规程内容

《建设工程造价控制规程》应充分结合建设工程特点及项目监理机构造价控制工作要求，并考虑与相关技术标准相衔接，明确工程造价控制程序、内容和方法。具体可考虑以下内容：

（1）总则（包括造价控制工作依据、原则）

（2）术语

（3）工程造价控制工作程序和内容

（4）策划决策阶段造价控制（考虑全过程工程咨询业务）

（5）设计阶段造价控制

（6）招投标阶段造价控制

（7）施工阶段造价控制

（8）竣工阶段造价控制

（9）工程造价控制文件资料及工作用表

2.2.3　建设工程进度控制规程内容

《建设工程进度控制规程》应充分结合建设工程特点及项目监理机构进度控制工作要求，并考虑与相关技术标准相衔接，明确工程进度控制程序、内容和方法。具体可考虑以下内容：

（1）总则（包括进度控制工作依据、原则）

（2）术语

（3）工程进度控制工作程序和内容

（4）施工准备阶段进度控制

（5）施工过程进度控制

（6）工程延期及延误处理

（7）工程进度控制文件资料及工作用表

2.2.4　建设工程合同管理规程内容

《建设工程合同管理规程》应充分结合建设工程特点及项目监理机构合同管理工作要求，并考虑与相关技术标准相衔接，明确合同管理程序、内容和方法。具体可考虑以下内容：

（1）总则（包括合同管理工作依据、原则）

（2）术语

（3）基本规定

（4）合同管理人员职责和要求

（5）合同审查与分析（包括：合同审查内容、合同分析报告）

（6）合同履行过程管理（包括：合同履行过程管理方案、工程变更管理、费用索赔管理、工期索赔管理）

（7）合同变更管理（包括：合同变更内容分析、合同变更协议的洽谈和订立）

（8）合同解除和终止管理（包括：合同解除管理、合同终止管理）

（9）合同争议管理（包括：争议处理程序、争议处置）

（10）保修协议及缺陷责任期合同管理

（11）合同管理文件资料及工作用表

2.2.5　建设工程安全生产管理规程内容

《建设工程安全生产管理规程》应充分结合建设工程特点及项目监理机构安全生产管理工作要求，并考虑与相关技术标准相衔接，明确安全生产管理程序、内容和方法。具体可考虑以下内容：

（1）总则（目的、依据、适用范围等）

（2）术语

（3）基本规定

（4）安全生产管理组织机构和职责（一般规定；组织机构；工作职责；安全培训）

（5）安全生产管理方案和实施细则（一般规定；安全生产管理方案；安全生产管理实施细则）

（6）安全生产管理的实施（一般规定；安全生产管理的主要工作内容；安全生产管理的基本工作方法和手段；安全生产管理的主要工作程序；危险性较大的分部分项工程安全生产管理；施工机械及安全设施的安全管理）

（7）安全生产管理文件资料及工作用表

2.2.6　建设工程文件资料管理规程内容

《建设工程文件资料管理规程》应充分结合建设工程特点及项目监理机构文件资料管理工作要求，并考虑与相关技术标准相衔接，明确文件资料管理程序、内容和方法。具体可考虑以下内容：

（1）总则

（2）术语

（3）基本规定

（4）文件资料的签署和管理职责

（5）文件资料内容及要求

（6）文件资料归档

（7）文件资料管理工作用表

2.3　工程监理人员职业标准

工程监理人员职业标准主要包括：总监理工程师职业标准、专业监理工程师职业标准、监理员职业标准。

2.3.1　总监理工程师职业标准内容

《总监理工程师职业标准》应充分结合总监理工程师负责制要求，并考虑总监理工程师的地位和作用，明确总监理工程师岗位职责。同时，考虑总监理工程师代表职责。具体可考虑以下内容：

（1）总则

（2）术语

（3）基本规定（包括总监理工程师及总监理工程师代表的任职条件）

（4）施工准备管理职责

（5）施工过程管理职责

（6）竣工验收管理职责

（7）总监理工程师及其代表工作用表

2.3.2　专业监理工程师职业标准内容

《专业监理工程师职业标准》应充分结合专业监理工程师工作特点，并考虑专业监理工程师的地位和作用，明确专业监理工程师岗位职责。具体可考虑以下内容：

（1）总则

（2）术语

（3）基本规定（包括专业监理工程师任职条件）

（4）施工准备管理职责

（5）施工过程管理职责

（6）竣工验收管理职责

（7）专业监理工程师工作用表

2.3.3　监理员职业标准内容

《监理员职业标准》应充分结合监理员工作特点，并考虑监理员的地位和作用，明确监理员岗位职责。具体可考虑以下内容：

（1）总则

（2）术语

（3）基本规定（包括监理员任职条件）

（4）施工准备管理职责

（5）施工过程管理职责

（6）竣工验收管理职责

（7）监理员工作用表

2.4 项目监理机构人员设施配置及考核标准

项目监理机构人员设施配置及考核标准主要包括：项目监理机构人员配置标准、项目监理机构设施配置标准和项目监理机构考核标准。

2.4.1 项目监理机构人员配置标准内容

《项目监理机构人员配置标准》应充分结合专业工程特点和项目监理机构职责，明确项目监理机构各类人员配置要求。具体可考虑以下内容：

（1）总则

（2）术语

（3）基本规定（包括人员配置的基本原则、方法等）

（4）房屋建筑工程项目监理机构人员配置（考虑不同专业工程、不同建设规模、不同施工阶段）

（5）城市轨道交通工程项目监理机构人员配置（考虑不同专业工程、不同建设规模、不同施工阶段）

（6）地下综合管廊工程项目监理机构人员配置（考虑不同专业工程、不同建设规模、不同施工阶段）

（7）装配式建筑工程项目监理机构人员配置（考虑不同专业工程、不同建设规模、不同施工阶段）

（8）市政道路工程项目监理机构人员配置（考虑不同专业工程、不同建设规模、不同施工阶段）

（9）市政桥梁工程项目监理机构人员配置（考虑不同专业工程、不同建设规模、不同施工阶段）

2.4.2 项目监理机构设施配置标准内容

《项目监理机构设施配置标准》应充分结合专业工程特点和项目监理机构职责，明确项目监理机构各类设施配置要求。具体可考虑以下内容：

（1）总则

（2）术语

（3）基本规定（包括设施配置的基本原则、方式等）

（4）房屋建筑工程项目监理机构设施配置（考虑不同专业工程、不同建设规模、不同施工阶段）

（5）城市轨道交通工程项目监理机构设施配置（考虑不同专业工程、不同建设规模、不同施工阶段）

（6）地下综合管廊工程项目监理机构设施配置（考虑不同专业工程、不同建设规模、不同施工阶段）

（7）装配式建筑工程项目监理机构设施配置（考虑不同专业工程、不同建设规模、不同施工阶段）

（8）市政道路工程项目监理机构设施配置（考虑不同专业工程、不同建设规模、不同施工阶段）

（9）市政桥梁工程项目监理机构设施配置（考虑不同专业工程、不同建设规模、不同施工阶段）

2.4.3 项目监理机构考核标准内容

《项目监理机构考核标准》应充分结合项目监理机构工作职责和内容，明确项目监理机构考核指标和考核方法。具体可考虑以下内容：

（1）总则

（2）术语

（3）基本规定（包括考核的基本原则、方法等）

（4）考核指标体系

（5）考核方法

（6）考核用表

王学军副会长在监理行业转型升级创新发展业务辅导活动的总结讲话

同志们：

中国建设监理协会组织举办的2019年度第四期“监理行业转型升级创新发展业务辅导活动”到此就要结束了。本期业务辅导内容广泛、关注点多、实用性较强，专家们的授课主题明确、内容丰富，会员代表也都能够精力集中听讲，对所学内容认真思考，深刻理解，利用课间时间积极交流，应当说辅导活动取得了预期良好效果。

本次活动得到了行业有关专家和八个地区监理企业会员代表的大力支持，特别是浙江省全过程工程咨询与监理管理协会的鼎力协助，在此，让我们以热烈的掌声表示衷心的感谢。

习近平总书记早在2015年12月中央城市工作会议上就强调：“建筑质量事关人民生命财产安全，事关城市未来和传承，一定要加强建筑质量管理制度建设，加强建筑工人专业技能培训”。当前，国家经济由高速增长阶段向高质量发展阶段转变，提高履职能力和服务水平，成为监理行业高质量发展的必要条件。培养一支高水平、勇担当的监理队伍是监理行业发展的重要任务。基于此，中国建设监理协会邀请行业内专家开展转型升级创新发展业务辅导活动，相信一定能为大家工作提供有力帮助，必将会促进行业的高质量发展。

此次业务辅导活动，协会领导高度重视，会长王早生同志亲临现场并作专题报告。他肯定了监理行业在社会发展中的作用，从监理行业沿革、行业现状、面临的问题与挑战，阐述了新时代监理行业发展状况，突出强调了监理改革发展的关键是创新，号召大家努力提升履职能力，促进建筑业高质量发展。为行业未来发展指出了努力的方向。

中监协专家委员会副主任、北京交通大学教授刘伊生同志从新时代监理行业转型背景下综合展开分析，围绕发改投资规〔2019〕515号文件《关于推进全过程工程咨询服务发展的指导意见》的要点，系统地阐述了全过程工程咨询理论，并分享了一些具有国际水平的全过程工程咨询企业的实例，分析对比了各地试点工作方案特点，并提出工程监理企业发展全过程工程咨询的五项具体措施。给大家尤其是有能力的监理企业向全过程工程咨询方向发展提供了很好的理论参考。

中监协专家委员会副主任、上海同济管理公司总经理杨卫东同志从我国工程项目管理发展历程出发，分析了各个时段项目管理发展的特点和现阶段国内主要的项目管理组织模式，明确了工程项目管理服务是一种提供集成化管理的咨询服务模式，并结合公司工程项目管理实践与大家分享了项目管理中四种模式和管理机构组建、项目管理服务内容等经验，应当对会员们有很大的启发。

中监协副会长、重庆市建设监理协会会长雷开贵同志以“内蒙古少数民族群众文化体育运动中心项目”为例，全面展示了全过程工程咨询项目管理的理念、机制和管理体系，以及BIM在项目实施全过程工程咨询各阶段的广泛应用与技术优势，清晰地展示了BIM在全过程工程咨询中的应用价值，值得广大监理企业和监理工作者学习借鉴。

中监协专家委员会主任委员、湖南省建设监理协会副会长屠名瑚同志系统介绍了全过程工程咨询服务发展背景下工程监理与工程设计各阶段的工作关系，从监理的视角分析了工程设计各阶段工程监理人员应具备的设计知识。就如何培养和增强监理人员了解熟悉掌握工程设计阐述了自己的意见，为提升监理和工程咨询综合能力指明方向，相信对大家加强能力建设会有启发。

中监协专家委员会委员、北京兴电公司董事长张铁明同志，从监理企业法律风险防控方面着手，阐述了企业经营过程容易出现的风险类别及特点，提出了风险识别、评估、化解的内控方式和风险防范机制，相信对企业防控风险会有启发。

中监协专家委员会委员、建基工程咨询有限公司总裁黄春晓同志结合 BIM 的概念内涵与特点，通过 3D、5D 模型演示，生动清晰地展示了 BIM 在工程监理中对投资、质量、进度、安全管理中的应用和在工程咨询中的应用，尤其是将 3D 激光扫描、无人机拍摄与 BIM 应用结合，增强了监理科技含量，相信对大家进一步认知 BIM、应用 BIM，发挥 BIM 在提升监理工作质量中的作用，会有很好的启发。

各位专家带着坚定的信念、带着对行业的感情、带着时代赋予的使命，紧密结合监理工作和发展前景，以典型的事例、详实的数据、生动的案例、鲜活的语言，既高屋建瓴，又深入浅出，从全过程工程咨询、工程项目管理、监理与设计、BIM 在监理工作和工程咨询中的应用、企业风险防控等方面，与大家分享了新锐的观点和成熟的经验，引导学员打开思维眼界，升华思想认识，增加理论知识，提升实践能力。

相信此次业务辅导活动使各位会员开拓视界，提高综合素质和工作能力，切实跟上时代步伐和行业创新发展节奏，把学习成果转化为矢志做优做强监理的使命担当，转化为行业转型升级创新发展的思路举措，对整个监理行业发展将起到积极的促进作用。面对改革发展中的各种问题和挑战，监理行业要不忘初心、牢记使命，坚持中央提出的高质量发展的要求，发挥监理队伍在工程监理和工程管理咨询方面的优势，坚持做到监理制度、监理能力、监理工作、监理发展四个自信，发挥监理人在向业主负责的同时向人民负责、技术求精，勇于奉献、坚持原则、开拓创新的精神，提高履职能力和服务水平，肩负起历史赋予我们的责任，把监理职责履行好，推进工程监理行业高质量发展。

希望通过本次活动，各位会员在成长与收获的同时一定要联系实际、注重转化、善于运用，联系影响监理工作高质量发展的突出问题，深学细悟、学懂弄通，坚持学以致用，把理论学习成果转化为监理工作的实践。坚持以市场为导向，在履行监理职责的基础上，抓住转型升级创新发展的机遇，主动跟上时代发展步伐，积极适应建设组织模式，建造方式、服务模式变革，努力提升服务能力，创新服务方式，提高服务质量。

同志们，今年是新中国成立七十周年，我们这代人在改革开放的历史进程中完成了前无古人后无来者的工程建设任务。中国已成为名副其实的工程建设强国，中国质量得到世界认可。国家建设取得的辉煌成就也同样凝聚着我们全体监理人的辛勤汗水。在中国特色社会主义新时代的伟大征程中，我们能亲身参与、亲身经历，无比自豪、无上荣光。我们要更加紧密地团结在以习近平同志为核心的党中央周围，不忘初心、牢记使命，忠诚履职、开拓创新、勇于担当，不断推动监理工作高质量发展，为建设中国特色社会主义作出新的贡献。

二〇一九年九月二十四日

以投资控制为主线的四川大剧院全过程工程咨询案例分享

王宏毅　徐旭东
晨越建设项目管理集团股份有限公司

党的十八大以来，以习近平总书记为核心的党中央明确提出：着力加强供给侧结构性改革，着力提高供给体系质量和效率，从而增强经济持续增长动力，推动我国社会生产力水平实现整体跃升。作为供给体系的重要组成部分，固定资产投资及建设的质量和效率显著影响着供给体系的质量和效率。工程咨询业在提升固定资产投资及建设的质量和效率方面发挥着不可替代的重要作用。从项目前期策划、投资分析、勘察设计，到建设期间的工程管理、造价控制、招标采购，再到竣工后运维期间的设施管理，均需要工程咨询企业为业主方提供有价值的专业服务。

但传统工程咨询模式中各业务模块分割、信息流断裂、碎片化咨询的弊病一直为业主方所诟病，"都负责、都不负责"的怪圈常使业主方陷入被动。传统工程咨询模式已不能适应固定资产投资及建设对效率提升的要求，更无法适应"一带一路"建设对国际化工程咨询企业的要求。2017年2月，《国务院办公厅关于促进建筑业持续健康发展的意见》国办发〔2017〕19号文件明确提出"培育全过程工程咨询"，鼓励投资咨询、勘察、设计、监理、招标代理、造价等企业采取联合经营、并购重组等方式发展全过程工程咨询，培育一批具有国际水平的全过程工程咨询企业。同时，要求政府投资工程带头推行全过程工程咨询，并鼓励非政府投资项目和民用建筑项目积极参与。顶层设计下，全过程工程咨询已成为工程咨询业转型升级的大方向，如何深入分析业主方痛点，为业主方提供现实有价值的全过程咨询服务，是每一个工程咨询企业都需要深入思考的问题。

国家发展改革委、住房城乡建设部《关于推进全过程工程咨询服务发展的指导意见》发改投资规〔2019〕515号文中明确提出：鼓励和支持咨询单位创新全过程工程咨询服务模式。晨越建设项目管理集团股份有限公司（简称：晨越建管，股票代码832859）承接的四川大剧院项目即是以投资控制为主线的全过程工程咨询服务模式。建设项目自立项到竣工决算的全过程，以投资管控为主线，着力于项目经济特征分析，强调设计阶段投资控制，以项目管理的思想进行投资控制，建立各项经济指标，用经济及指标手段进行全过程管控。

四川大剧院项目全过程工程咨询服务涉及工作极为广泛，有限篇幅内无法面面俱到进行阐述，下文将着重介绍四川大剧院投资控制以及以投资控制为主线的全过程工程咨询工作内容与体会。

一、项目基本情况

（一）项目背景

四川大剧院位于成都市中心天府广

表1

项目名称	四川大剧院建设项目	建设单位	锦城艺术宫
项目管理单位	晨越建设项目管理集团股份有限公司	设计单位	中国建筑西南设计研究院有限公司
造价咨询单位	成都晨越造价咨询有限公司（晨越集团全资子公司）	监理单位	晨越建设项目管理集团股份有限公司
招标代理单位	晨越建设项目管理集团股份有限公司	BIM咨询单位	晨越建设项目管理集团股份有限公司
施工总包单位	成都建工集团总公司	建筑面积	59000m^2
工程类别	公共建筑	项目地点	四川省成都市人民中路1号附2号
开工日期	2016年11月11日	项目状态	完工验收
项目特点： 本项目的建筑艺术造型特殊，对建筑声学要求极高，且因剧场功能的特殊性，对舞台各功能区的综合设计能力要求很高，并会用到一些专有技术。项目地点位于成都市中心城区，务必在工期时间内按时完成，该项目质量要求为"鲁班奖"标准			

场东侧，项目总投资 86780 万元，总建筑面积 59000.41m^2。四川大剧院项目地上剧场部分为 3 层，辅助功能区部分为 6 层，地下建筑 4 层。包含一个 1601 个座位的甲等特大型剧场、450 座的小剧场、800 座的多功能中型电影院及文化展示、文化配套等多种文化服务功能，4 层地下室兼具影院、停车、地铁接驳口等多种复合功能。

四川大剧院前身是 1987 年建成的四川省锦城艺术宫，作为四川省著名的艺术殿堂和大型公共文化设施承担着四川省重大演出任务并承载着发挥公益文化宣传窗口的作用。但是，随着社会的进步和经济的发展，人民群众对于文化的需求日益增长，因此新建四川大剧院势在必行。四川大剧院的外观采用古代官式建筑的三段式构图，体量方正大气；采用玻璃坡屋顶，活泼通透，典型的“蜀风雅韵”风格，既与之前的锦城艺术宫一脉相承，又与附近的省图、省科技馆形成和谐的整体。剧院内部，1601 个座位的大剧院将满足大型演出的表演，450 个座位的小剧场则可以上演各种无须华丽背景的演出。

四川大剧院建设项目是四川省政府投资的首个全过程工程咨询项目、首个 BIM 技术应用试点项目，数字化工地示范项目、中国首例大小剧场重叠设置的剧院，同时也是四川省重点项目、成都市重点项目。四川省“十二五”文化改革发展规划把四川大剧院列入了四川“十二五”时期省级重大公共文化设施建设项目，四川大剧院项目工程质量标准为“鲁班奖”标准。

（二）项目全过程咨询内容

晨越建管集团为四川大剧院项目提供全过程工程咨询服务，工作内容包括：前期咨询管理、项目管理、工程监理、全过程造价咨询、招标代理、BIM 技术咨询工作。晨越建管集团的全过程工程咨询服务严格按照的科学管理体系进行项目全过程咨询管理，实现了模板标准化、业务流程化、管理专业化、资料表单化，以及重要事项自动预警监控机制，过程和结果都取得了瞩目的效果。并且晨越建管集团在本项目中取得的成果“建筑信息模型（BIM）参与全生命周期管理应用”获得了四川省科技支撑计划荣誉。

（三）项目投资要点

项目总投资 86780 万元，其中：工程建设费用 43353 万元，工程建设其他费用 40779 万元（含土地费），基本预备费 2648 万元。

资金来源分为 3 部分：第一部分为项目业主锦城艺术宫以转让现有地块获得的土地收益 72000 万元；第二部分为业主自筹 5302 万元；第三部分为四川省财政内预算资金，解决资金缺口 9478 万元。四川省锦城艺术宫作为事业单位，没有融资能力，也不能依靠银行贷款，仅能依靠工程节约以及项目交付后营业偿还。因此对于资金的使用效率和使用时间有严格的要求，务必在控制范围之内。

二、全过程工程咨询服务在各阶段服务内容

（一）全过程工程咨询总体服务内容

表2

序号	建设各阶段	主要工作内容	工作开展内容	具体服务内容
1	前期决策阶段	项目立项（项目建议书）批复	项目立项（项目建议书）编制	1.在业主牵头组织下完成项目立项（项目建议书）所需的前期调查工作，收集相关信息；
			评审及批复	2.负责项目立项（项目建议书）的编制及修订； 3.协助完成项目立项（项目建议书）申报及审批手续，取得立项报告
		用地预审批复	土地评估报告及评审	1.负责编制单位的甄选，完成编制单位的招标、中标及合同签订；
			用地预审办理	2.协调、督促编制单位按要求完成编制及修订； 3.协助完成专家评审，并取得相关评审意见； 4.协助办理方案申报及审批手续，取得方案批复文件
		选址意见书批复	选址报告编制	1.协助编制单位的甄选，完成编制单位的招标、中标及合同签订；
			选址意见书办理	2.协调、督促编制单位按要求完成编制及修订； 3.协助完成专家评审，并取得相关评审意见； 4.协助办理方案申报及审批手续，取得方案批复文件
		环评、交评批复	环评、交评报告编制	1.协助编制单位的甄选，完成编制单位的招标、中标及合同签订；
			评审及批复	2.协调、督促编制单位按要求完成编制及修订； 3.协助完成专家评审，并取得相关评审意见； 4.协助办理环评申报及审批手续，取得环评批复

续表

序号	建设各阶段		主要工作内容	工作开展内容	具体服务内容
1	前期决策阶段		节能评估报告批复	节能评估报告编制	1.协助编制单位的甄选，完成编制单位的招标、中标及合同签订；
				评审及批复	2.协调、督促编制单位按要求完成编制及修订； 3.协助完成专家评审，并取得相关评审意见； 4.协助办理方案申报及审批手续，取得方案批复文件
			可研报告编制及评审	完成可研报告的编制及修订	1.牵头组织并完成可研编制所需的前期调查工作，收集相关信息；
				可研评审及批复办理	2.完成可研报告的编制及修订； 3.完成可研报告的专家评审，并取得相关评审意见； 4.协助办理可研申报及审批手续，取得可研批复
			招标核准批复	招标核准申请及批复	协助办理招标核准申请，取得相关批复
			规划指标及红线图	土地前置调查	1.协助办理土地前置调查事宜； 2.协助办理规划指标及红线图
				规划指标及红线图办理	
			国土手续办理		协助完成国土手续办理
			用地界址测绘成果		1.协助办理测绘单位的甄选及合同签订； 2.协助办理界址成果测绘成果
			建设用地规划许可证		协助完成建设用地规划许可证办理
2	设计阶段	设计准备	勘察、设计、场地平整施工招标	招标文件编制（勘察、设计、场地平整施工）、备案	负责完成勘察、设计、场地平整施工招标文件编制，牵头组织招标文件备案
				勘察、设计单位招标、备案	负责完成招标、中标、合同签订、合同备案
				场地平整施工招标、备案	负责完成招标、中标、合同签订、合同备案
			地质勘查及场地平整	施工打围及临设搭建	1.施工单位负责完成临设搭建、打围施工及场地平整施工； 2.项管公司负责协调、督促施工单位完成施工工作
				场地内土方平整施工	
				地质勘查	1.地勘单位负责完成地勘施工工作，出具地勘报告； 2.项管公司负责协调、督促地勘施工，办理地勘报告审查备案工作
		方案阶段	坐标放线测绘成果图		负责办理坐标放线测绘成果
			规划方案设计		1.设计单位负责完成规划方案设计及方案确认； 2.项管公司配合完成规划方案的提前沟通、协调工作
			规划方案报批报建	规划方案报规委会评审	1.负责牵头完成方案报送规委会进行评审，取得评审意见，进行修改； 2.负责完成规划方案的审批手续，取得规划方案批复
			建设工程规划许可证办理		协助完成规划许可证办理
		初步设计阶段	初步设计图纸		1.设计单位完成初步设计施工图； 2.项管公司牵头组织沟通、确认工作。取得初步设计图纸资料
			初步设计审查		1.设计单位完成初步设计图纸报送、审查，取得评审意见，进行修改； 2.协助取得初设审查意见
			水土保持方案批复	水土保持方案编制	1.负责编制单位的甄选，完成编制单位的招标、中标及合同签订；
				评审及批复	2.负责协调、督促编制单位按要求完成编制及修订； 3.协助完成专家评审，并取得相关评审意见； 4.协助办理方案申报及审批手续，取得方案批复文件
		施工图设计阶段	施工图设计		督促设计单位完成施工图设计并牵头组织沟通、确认工作。取得施工图设计图纸资料
			施工图机构审查		1.负责完成审图机构的筛选，签订合同； 2.负责完成施工图机构审查，并牵头组织沟通、确认工作。取得施工图审查意见
			施工图行政审查		负责办理施工图行政审查及备案手续，牵头组织审查过程中的沟通、协调工作（含消防、人防审查）
			清单控制价编制及评审	清单控制价编制	负责完成清单控制价编制及确认工作
				评审及批复	负责组织进行清单财政评审，办理财评批复手续

续表

序号	建设各阶段	主要工作内容	工作开展内容	具体服务内容
3	实施前准备	招标阶段	施工招标	负责完成施工、监理、材料设备采购招标工作，办理招标、中标备案手续，完成合同签订及备案
			监理招标	
			材料设备采购招标	
		临设阶段 临水施工	确定临水施工单位	负责办理临水手续，完成施工单位的甄选，签订合同
			临水安装施工	负责协调、督促施工单位完成临水安装施工，办理临水相关手续
		临设阶段 临电施工	确定临电施工单位	负责办理临电手续，完成施工单位的甄选，签订合同
			临电安装施工	负责协调、督促施工单位完成临电安装施工，办理临电相关手续
		临设阶段	道路开口及占道施工手续（如有）	负责到住建局办理道路开口及占道施工手续
		临设阶段 现场安监条件准备	临设搭建	负责协调、督促施工单位完成现场临设搭建施工，办理现场安监条件勘验手续
			现场安监条件勘验	
	施工阶段	施工许可办理	中标及合同备案	负责完成中标备案及合同签订，完成质监、安监备案，负责完成施工许可证的办理
			质监备案	
			报建费核缴	
			安监备案	
			施工许可证办理	
		基坑开挖、主体施工、水电安装、装饰装修、总平绿化施工		1.施工单位负责完成施工图纸内容所有工作； 2.项管公司负责完成施工期间的监理工作； 3.项管公司负责完成施工全过程的项目管理工作； 4.项管公司负责完成全过程造价控制
	竣工验收及保修阶段		竣工验收及备案	1.项管公司负责完成工程竣工验收及备案手续办理； 2.施工、监理配合完成验收及整改工作
4		项目移交	现场移交	负责牵头组织现场移交，协调落实移交过程中的相关问题
			工程结算审计	负责完成工程结算审计工作，协调处理结算、审计过程中的相关问题
			项目移交	负责组织并完成项目移交工作，协调处理相关问题
			项目保修	负责组织项目移交后的保修工作，协调处理相关问题

（二）全过程造价咨询在项目各阶段工作内容

表3

Ⅰ	决策阶段	1.投资估算的编制和审核； 2.决策阶段的方案经济比选； 3.建设项目经济评价
Ⅱ	设计阶段	1.设计概算的编制和审核； 2.优化设计的造价咨询； 3.施工图预算的编制和审核
Ⅲ	发承包阶段	1.工程量清单的编制和审核； 2.招标控制价的编制和审核； 3.清标
Ⅳ	实施阶段	1.项目资金使用计划的编制； 2.工程计量与工程款审核； 3.询价与核价； 4.变更、索赔、签证； 5.期中结算和期终结算审核； 6.造价动态管理
Ⅴ	竣工阶段	1.竣工结算编制和审核； 2.竣工决算

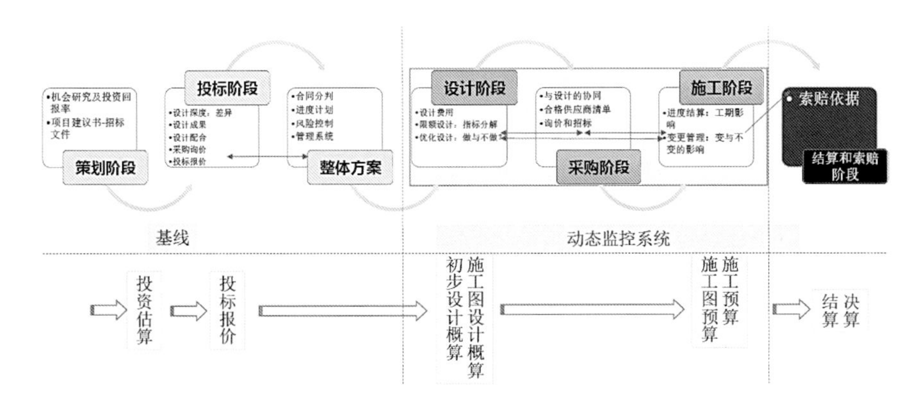

三、全过程工程咨询服务投资控制在各阶段操作实践

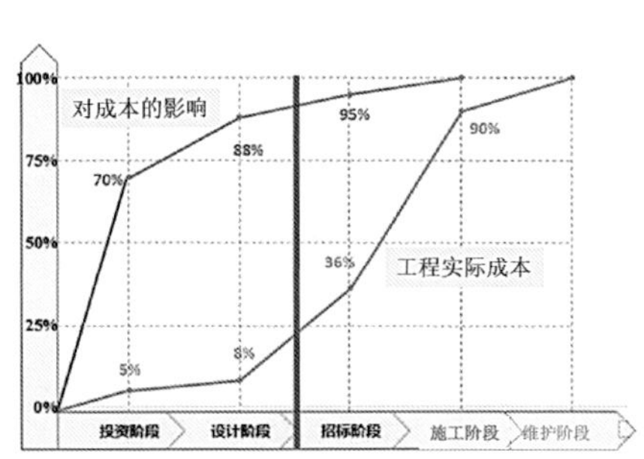

（一）项目决策阶段投资控制

决策阶段的主要工作分为项目策划和项目经济评价。其中策划是投资管理的重要前提和基础，策划有总体和局部

两种，要做构思和实施，策划的目的都是为决策提供依据，只有在构思多方案的基础上经过方案比选，方能选出最好方案，这包括技术方案和经济效益比选两方面。四川大剧院在可研阶段也经过了多方案的对比，多次调整最终呈现了两个方案并在社会范围内进行了方案的公开征集：

方案一

采用古代官式建筑的三段式构图，屋顶采用玻璃坡屋顶，与科技馆、图书馆形成一个整体，构建完整的城市界面；把中国传统篆艺术刻运用到建筑中，以“四川大剧院”为题，充分体现了以“人”为本的设计理念；剧院立面采用浅黄色石材，与玻璃材质屋顶融为一体，气势恢宏中透着灵动。

方案二

墙体遍布一片片镂空的银杏叶造型，让人联想起秋天的成都满地金黄的美景，有显著的地域性。注重强化成都地域特色与传统文化的意境，以生动的造型突出剧场建筑特有的性格，把具有四川地域特色的银杏作为切入点，把一片一片的叶子按照虚实变化拼接在建筑立面上，形成一个完整的体量，金灿灿的叶子把剧院烘托得金碧辉煌。

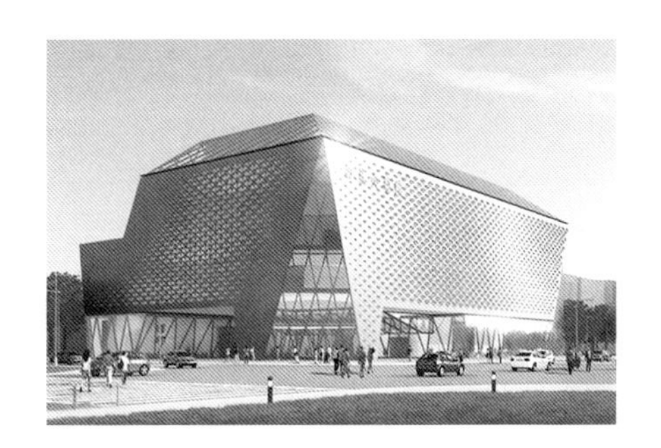

直到 2012 年 7 月 20 日完成关于四川大剧院概念设计方案并进行社会公示广泛征求各方意见，最终确定四川大剧院采用“方案一”进行设计实施。四川大剧院规划用地 11198.27m^2，建筑标准为甲等特大型剧场。

作为国有资金投资项目，四川大剧院项目不仅要满足使用功能、还要肩负推动文化产业发展的重任，而且还面对资金限制等 3 方面的要求。

在这一过程中，编制投资估算是投资决策阶段的重要环节之一，而投资控制应从项目之初就参与其中，合理计算和预测在投资过程中各种静态和动态因素的变化，作为一种宏观的控制，它不仅局限于对工程建设费用的把握，还要考虑工程建设的所有费用，更要全面把握资金的来源、银行的贷款、资金时间价值影响等一系列因素，需要一个动态的对于资金的全面衡量，正确合理的决策投资是能对项目的规模、标准、建设地点、设计方案、环境保护、节能效果、社会评价等综合考虑，实现投资综合效益的最大化。

作为一个剧院项目，具有非常强的专业性和独一性，不仅内部结构比较复杂，而且专业设施较多。为了更加准确地把控投资，全过程工程咨询单位配合建设单位在前期收集和走访了国内十几个类似剧院的中标价和合同价，收集和分析概算指标，进一步提高估算的准确性，将工程费用、工程建设其他费用、基本预备费等所有项目投资进行整体投资分析并制定了对应的总投资分年度使用计划（见下表），最终四川大剧院投资估算总额为 8.678 亿元。

（二）项目设计阶段投资控制

在可研批复完成之后，进入到设计阶段，设计阶段造价控制是投资控制的关键，在此阶段控制造价能起到事半功倍的效果。长期以来，我国普遍忽视工程建设项目设计阶段的造价控制，通常把控制工程造价的主要精力放在施工阶段，但是施工过程中的“事后控制”的效果肯定比不上事前控制。四川大剧院项目充分重视设计阶段的造价控制，在设计阶段已经投入很大精力，未雨绸缪。作为剧场项目，专业强，类别交叉多，不仅包含了基础和地下工程、主体土建工程、建筑安装工程、主体外立面装饰工程、主体室内精装修工程、室外管线，道路、绿化景观等工程，还包含了专业性非常强的专业设备设施采购及安装调试等专业类别。为了更好地把握投资，控制建设成本，在设计阶段四川大剧院就采取了限额设计、三算控制、BIM+造价技术等方法进行严格把控，层层把关。公司将估算、概算、预算应用到实际中（见下表），不仅要设计质量，也要做好投资控制，即取得真正意义上的造价控制。

1. 限额设计

本环节是投资控制系统中很重要的一环，也是设计阶段进行技术经济分析，实施工程投资控制的一项重要措施。本项工作在投资决策阶段、初步设计阶段、施工图设计阶段都要推行和落实，是投资目标的动态反馈和管理，可分为目标制定、分解、推进和评价 4 个环节。其中当考虑全生命期成本时，按限额要求设计出的方案不一定具有最佳的经济性，此时亦可考虑突破原有限额，重新选择设计方案。在四川大剧院初步设计完成之后，公司编制了单位工程概算，发现

四川大剧院项目资金计划

表4

序号	项目名称	说明	财评投资估算审核(万元)	已签定合同金额（万元）		估算-合同（万元）	设计变更（万元）	已支付(万元)	起始时间		2016年9月~2016年12月					2017年1月~2017年12月													2018年1月~2019年9月			
				合同/审核 金额	其中暂列金				开始	结束	9月	10月	11月	12月	合计	1月	2月	3月	4月	5月	6月	7月	8月	9月	10月	11月	12月	合计	1月	2月	3月	4月
总	项目总资金		86779.84	72077.53		14702.31			2012.12	2019.00					6063.45													16300.54				
一	工程建设费用		43353.40	31506.97	2824.55	11847.43									4373.32													15706.93				
（一）	土建工程		16897.99	14415.56	1205.38	2482.43			2015.3.1	2018.7.21	2118.76	285.26	496.34	496.34	3396.70	814.72	814.72	877.22	1177.44	1177.44	1177.44	1177.44					166.50	7382.934212				
1	地上土建	总包招标时增加钢结构总承包服务费，含部分初装	5423.59	5578.391589	437.075849	-154.80			2015.3.1	2016.9.2									1177.443553	1177.443553	1177.443553	1177.443553					166.5	4876.274212				
	其中：地上建筑与装饰工程			2678.081377	208.176106														535.62	535.62	535.62	535.62						2733.810212				
	其中：钢结构			2567.310212	228.899743														641.83	641.83	641.83	641.83						2567.310212				
	其中：总承包服务费			333																							166.50	166.5				
2	地下土建		8916.14	5592.936246	433.190416	3323.20					1762.757911	-70.7372988	140.34	140.34	1972.70	814.72	814.72	877.22														
	其中：地下建筑与装饰工程			5335.722745	411.429743						1569.847785	-122	140.34	140.34	1728.35	814.72	814.72	877.22										2506.66				
	其中：抗浮锚杆			257.213601	21.760673						192.9101258	51.4427002			244.35																	
3	护壁降水工程		2558.26	3244.2276	335.116319	-685.97		1820.15	2015.3.1	2016.9.2	356	356	356	356	1424.00																	
（二）	装饰工程		9215.56	4818.54	289.38	4397.02																388.67	388.67	388.67	388.67	1094.97	1094.97	3744.62				
1	外墙装饰工程（外保温+外门窗+石材）	总包招标时为幕墙工程	1814.94	3457.238344	289.37673																	388.67	388.67	388.67	388.67	388.67	388.67	2332.02				
	其中：幕墙工程			3457.238344	289.37673				2017.7.25	2018.2.15												388.67	388.67	388.67	388.67	388.67	388.67	2332.02				
2	地下车库、设备用房、架空广场	总包招标时含地下初装	1048.73	826.835681																						132.29	132.29	264.58	132.29	132.29	132.29	
3	屋盖面层	总包招标时计入地上土建部分	832.65																													
4	室内装修工程	总包招标时含地上初装	5519.24	534.46346																						574.01	574.01	1148.02	574.01	574.01	574.01	574.01
	4.1大小剧院演出用房		1388.91																													
	4.2大小剧院配套用房		2820.32																													
	4.2.1其中：大剧院门厅及主舞台配套用房		1073.04																													
	4.2.2其中：观众厅、休息厅、贵宾厅等精装修区域		993.42																													
	4.2.3其中：演员化妆、候场、排练等等配套用房		753.86																													
	4.3副楼（演员就餐区、医务急救室、剧院馆藏室、剧院管理用房）		161.84																													
	4.3.1其中：演员就餐区		54.11																													
	4.3.2其中：医务急救室		6.74																													
	4.3.3其中：剧院馆藏室		54.34																													
	4.3.4其中：剧院管理用房		46.65																													
	4.4物管、厕所和消防等配套设施		94.17																													
	4.5电影院、多功能排练厅及配套用房初装修		681.85																													
	4.5.1其中：观众厅及放映配套用房		75.68																													
	4.5.2其中：多功能排练厅		54.87																													
	4.5.3其中：配套及其他用房		561.30																													

三算对比分析表（工程名称：四川大剧院）

表5

序号	费用及名称	可研估算 投资估算（万元）	设计概算 投资估算（万元）	清单控制价 投资估算（万元）	控制价与概算比（负数表示超概）	控制价与投资估比（负数表示超估算）	控制价低于概算或估算说明	控制价超过概算或估算说明
一	工程建设费用	34052.77	32782.25	34007.20	-1224.95	45.57		
（一）	土建工程	18026.72	15692.41	16420.87	-728.46	1605.85		
1	地上土建（土建+基装）	1804.82	1049.44	3532.70	-2483.26	-1727.88	1.概算时的钢材价格在3400左右，现在钢材价格在2300左右，导致综合单价下降约800元/t，控制价比概算减少约82万元； 2.安全文明施工方费由于15定额和09定额取费基数和费率不同，控制价减少约70万元； 3.规费费率15定额中降低较多，规费合计减少约27万元； 4.概算中人工费单独进行调差，控制价没有此项单独调差（控制价人工费调差已计入各综合单价，不再单独调差），控制价此项减少527.8万元 控制价合计减少： 82+70+27+527.8=706.8万元 *另投资估算比概算增加750万，明细不详	1.砌体工程增加约30万元左右：09定额要求人工费乘以1.2,15定额要求人工费乘以1.25； 2.混凝土工程增加约30万元：工程量增加，项目增加； 3.屋面及防水工程增加约26万元：工程量及单价都略高于概算； 4.保温工程增加92.8万：其中概算中没有墙体保温（50万）；概算没有水泥蛭石找坡（45万）； 5.门窗、玻璃隔断等增加约180万元、栏杆项目增加约32万元、地面墙面天棚抹灰等基层处理增加约238万元、腻子涂料工程增加约67万元、部分精装修面层（如副楼地面砖、设备用房隔声天棚、副楼卫生间隔断等）增加约148万元：概算中以上项目均计入精装修； 6.模板工程增加约92万元：工程量增加、模板材料和项目有变化； 7.增加高大模板项目约46万元； 8.增加总承包服务费（地上地下各计入一半在土建内）约234万元； 9.暂列金258万元：原概算不含暂列金； 10.营业税改增值税增加约170万元； 11.钢结构中的油漆应业主要求，其投资额在土建中扣除（原概算油漆计入精装修部分，本次控制价为了预留足够的精装修费用，应业主要求将钢结构油漆项目投资额在土建中扣除）投资额减少约1550万元 控制价合计增加：30+30+26+92.8+180+32+238+67+148+92+46+234+258+170+1550=3193.8万元

序号	费用及名称	可研估算 投资估算（万元）	设计概算 投资估算（万元）	清单控制价 投资估算（万元）	控制价与概算比（负数表示超概）	控制价与投资估比（负数表示超估算）	控制价低于概算或估算说明	控制价超过概算或估算说明
2	地下土建（土建+基装）	9894.65	8396.41	6804.17	1592.23	3090.47	1.概算中有1400万的土方大开挖，控制价只有一些集水坑的土方开挖； 2.概算钢筋多了830t左右，约282万； 3.概算时的钢材价格在3400左右，现在钢材价格在2300左右，钢筋重量3334t左右，相差383万左右； 4.概算中楼地面工程有部分二装工程项，约114万； 5.概算墙柱面工程与控制价图纸中措施表做法不一致，且有部分为二装项，此项金额约352万； 6.投资额中增加二类费用中的人防费用：80万元； 7.安全文明施工方费、规费等由于15定额和09定额取费基数和费率不同，控制价减少约80万元； 8.概算中人工费单独进行调差，控制价没有此项单独调差（控制价人工费调差已计入各综合单价，不再单独调差），控制价此项减少652.5万元； 控制价合计减少约：1400+282+383+114+352+80+80+652.5=3343.5万元 *投资估算比概算增加了1500万，明细不详	1.概算中模板单价为25元/m^2左右，控制价采用复合模板，单价为42元/m^2左右，总金额相差257万元左右； 2.门窗82万元工程概算计入了装修，本次设计计入土建造价内； 3.概算中卷材防水单价为58元/m^2左右，控制价卷材防水（双面粘）单价为76元/m^2左右，总金额相差47万元左右； 4.天棚工程增加约62万元：工程量和措施做法变化； 5.钢结构中的油漆应业主要求，其投资额在土建中扣除（原概算油漆计入精装修部分，本次控制价为了预留足够的精装修费用，应业主要求将钢结构油漆项目投资额在土建中扣除）投资额减少约150万元； 6.控制价增加暂列金：411.4万元； 7.增加总承包服务费（地上地下各计入一半在土建内）约234万元； 8.营业税改增值税增加约374万元； 控制价合计增加约：257+82+47+62+150+411.4+234+374=1617.4万元
3	钢结构	3769.00	3769.00	2839.77	929.23	929.23	1.概算期间钢材价格比控制价高1000元/左右（09定额钢材材料价仅为钢材本身，15定额按成品钢材计价，包含除锈和底漆），此部分减少252万元； 2.概算的油漆项目套取的定额消耗量偏高，且09定额中油漆均单独套取，控制价15定额底漆和除锈已经计入了成品钢材单价中，此部分减少约677万元 控制价合计减少：252+677=929万元	
4	护壁降水工程	2558.26	2477.57	3244.23	−766.66	−685.97	已施工，超过概算和估算	
（二）	装饰工程	2647.59	2691.46	3578.84	−887.38	−931.25		
1	精装饰工程	0.00	0.00	0.00	0.00	0.00		
2	建筑声学工程	0.00	0.00	0.00	0.00	0.00		
3	幕墙	2647.59	2691.46	3578.84	−887.38	−931.25	1.地弹门控制价单价低于概算，减少约17万元； 2.玻璃幕墙工程控制价减少工程量5490m^2，减少约529万元 控制价合计减少： 17+529=546万元	1.控制价增加不锈钢天沟，约30万元； 2.控制价石材幕墙材料单价为1000~1700元/m^2（根据各种厚度），概算中石材单价385~1000元/m^2，且控制价石材幕墙工程量增加4244m^2，钢骨架增加约40t，合计增加约968万元； 3.控制价增加外檐口吊顶及其他吊顶装饰工程量，增加约91万元； 4.控制价增加腻子、涂料、室外栏板等装饰项目约31万元； 5.控制价增加玻璃雨棚约14万元； 6.控制价增加外墙脚手架约10万元； 7.控制价增加暂列金：289万元； 8.相关取费、营业税改增值税等，合计增加约40万元 控制价合计增加：30+968+91+31+14+10+289+40=1473万元
（三）	安装工程	9270.80	10284.20	10682.89	−398.69	−1412.09		
1	给排水工程	1393.97	1508.46	1169.44	339.02	224.53		
1.1	给排水系统	610.00	363.40	346.25	17.15	263.75	（概算计取卫生洁具、地漏、淋浴器、无自动隔油器，此部分共98万）扣除后控制价与概算金额基本一致，投资估算无价格组成，无法对比	
1.2	室内普通消防	147.50	1145.06	823.19	321.87	−39.22	1.喷淋管道工程量预算比概算减少2.8万m，导致金额比减少187多万； 2.概算中计算了冷却塔降噪费用，预算中暂无设计，预算比概算金额减少70万； 3.潜水泵的价格价差预算比概算金额减少50万； 4.喷头部分单价降低，预算比概算金额减少40万； 5.气体灭火系统预算比概算金额减少29万； 6.其他为零星量差及价差	1.室内消火栓工程量预算比概算增加180套，此部分控制价金额增加30万； 2.消火栓管道工程量预算比概算增加2000米，控制价金额增加30万； 3.其他为零星量差及价差
1.3	室内自动喷水灭火系统	331.87						
1.4	大空间智能灭火系统	157.10						
1.5	水幕灭火系统	88.50						
1.6	气体灭火系统	59.00						
2	强电工程	2077.52	2422.09	3094.21	−672.12	−1016.69		
2.1	变配电系统	0.00	0.00	0.00	0.00	0.00	本次预算不包括变配电系统部分，此部分预估金额700万；	
2.2	电力配电系统	844.01	1928.93	2684.67	−755.74	−1840.66	1.桥架工程量预算比概算减少809m，控制价金额减少165万； 2.母线部分预算比概算金额减少17万； 3.电气配线工程量预算比概算增加6.4万m，控制价金额增加10.8万； 4.开关灯具插座预算比概算工程量减少550套，控制价金额减少98万	1.配电箱工程量及价格差距，预算比概算工程量约增加137台，部分元器件有所调整，此部分预算比概算金额增加688万； 2.电缆工程量预算比概算约增加1.6万米及增加电缆头，此部分预算比概算金额共增加550万； 3.电气配管工程量预算比概算增加1.03万米，此部分金额增加41.3万； 4.预算新增桥架支架及管道支架，金额增加32万
2.3	照明系统	944.01	233.94	309.06	−75.12	634.95		

限额设计

1 限额设计要求	2 限额设计指标的确定	3 限额设计关键点	4 限额设计难点
• 保证达到使用功能的前提下，按分配的投资限额控制设计 • 严格控制不合理变更 • 保证总投资 额不被突破	• 责任目标成本 • 项目成本计划，分解到项目组成、费用组成、进度计划，作为限额设计的输入 • 结合项目工作任务分解结构及设计专业划分 • 分解后的成本计划即可作为限额设计控制指标	• 提高设计人员和经济人员的经济意识和业务素质，将技术与经济有机地结合起来 • 改变一些工程设计保守，浪费投资的作法 • 及时对工程造价进行分析对比，能动地影响设计，从而控制成本	?

设计技术人员在设计过程中更多地关注了工程的使用功能，对于投资控制考虑不够全面，以总包合同为例，按照初步设计方案，概算金额达到29276.53万元，超过估算1276.53万元，为了使设计概算在可控范围内，并且满足使用功能，最后四川大剧院对设计案进行修改，采用了限额设计，对方案中的工程布局、结构形式、设备数量、材料品种等进行了优化。在修改过程中，造价工程师全程参与，与设计人员一起，对方案的功能性和投资额度进行多次沟通，经过3版的修改，最终在满足使用功能的前提下，将概算额度控制在28000万元之内。做到了技术与经济的统一，使设计

阶段的投资控制优势明显表现出来。另外四川大剧院在室内精装修工程、灯光音响采购工程、座椅采购和安装工程中均采用限额设计的方法，将所有专业类别的设计金额都严格控制在规定范围之内，不突破估算是设计和施工的大原则，在满足功能和使用要求的前提下坚决做好造价控制工作。截至四川大剧院项目基本结束，投资控制仍处于可控范围。

2. 结合 BIM 技术

采用 BIM+ 造价技术。四川大剧院项目在设计方案的修改和制定过程中，除了依靠传统的二维平面技术 CAD，还结合现代化手段——BIM 技术，对设计方案和项目概算进行了进一步的把关，公司采用 BIM 技术，进行了以下几个方面的服务：

1）将项目的地理位置、建筑特点、交通环境进行全面三维数字展示，施工进度的可视化模拟，将施工过程以动画形式出现，生动、形象、直观地展示了整个施工进程，对工程实体的施工进度进行一个直观的感受和掌控。

四川大剧院施工现场模拟

2）依据各个专业施工图纸，进行了可视化管理，对设计进行把控和分析，最终优化设计，通过 BIM 技术准确地表现大剧院的空间尺寸、空间构造以及其属性。地下室管综总优化面积 36000 余平方米，涉及构件 15000 余个以及 3 大专业 20 余个子系统。

3）运用了 BIM 技术，对建筑与结构专业、结构与机电专业、机电内各子

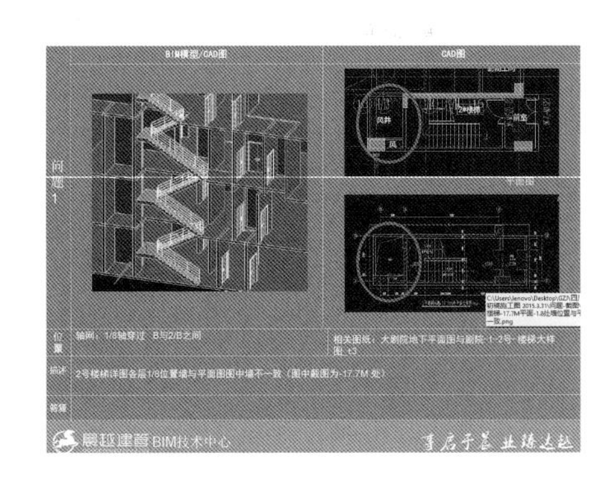

专业管线之间进行冲突检查，对施工过程中潜在的错、漏、碰、缺等设计问题，对原设计的标高、预留孔洞等提供冲突检测、出具三维模型定位，以此提高工作效率、合理缩短工期。

4）对于系统优化及管线综合排布，基于 BIM 模型开展的管线综合与多专业冲突检查，快速发现平面图纸中难以体现的错、漏、碰、缺等 400 余处问题，管综问题节省了 342.52 多万元，避免了各专业设计不协调和设计变更产生的返工等经济损失，确保利益最大化。

BIM 技术在四川大剧院的应用，使得二维平面图纸中不易察觉的各专业的冲突得到很直观的展示，在设计阶段就将后期可能出现的变更签证得到修正，一定程度上控制了施工过程中的变更签证，减小了投资概算和结算价格的偏差，也增强了成本控制能力，为全过程造价控制提供了更好的技术支持。

（三）项目发承包阶段投资控制

由于使用国有资金投资，四川大剧院采取了工程量清单形式的公开招标，在

项目交易阶段的工作主要就是工程量清单的编制和审核、招标控制价的编制和审核、清标工作以及对合同条款的审核。

1. 四川大剧院因为专业类别较多，跨度时间较长，因此将工程分为基坑工程、施工总承包工程、舞台机械工程、灯光音响工程、精装修工程工程共 5 个标段进行招标。5 个标段分别编制了工程量清单和招标控制价，众所周知，高质量的招标控制价可以有效控制工程造价，减少施工阶段合同纠纷（见下表）。

2. 作为公共建筑，面对大量的非标设备或一些非常规的材料，材料询价成为控制价编制过程中一个重要环节，很大程度上影响着招标控制价的准确。以四川大剧院施工总承包合同为例，在施工图纸正式出版之后，立即组织编制施工总承包工程的工程量清单和招标控制价，在编制的过程中，材料种类多达 2916 种，另外作为功能性要求较多的建筑载体，其中包含很多新材料和特殊的设备。在询价过程中，除了利用常规的价格渠道进行询价，还充分利用晨越公司“建筑蚂蚁网”的询价平台，快速找到符合项目需求的生产厂家和材料供应商，进行一对一专业、准确的询价服务。特别对于一些新型的、非常规以及有特殊要求的设备，效果更为明显。在“建筑蚂蚁网”，四川大剧院项目一共询价 67 家，涉及材料、设备 435 种。这样大型综合性“互联网 + 建筑业”的服务平台为交易阶段的造价控制起到了很好的助力。

3. 全过程投资的控制不仅是对工程费用的控制，对于工程建设其他费用也需要有严格地把控，四川大剧院工程建设其他费用涉及 33 大项，从前期的建议书报告及评审费用、报建费用、勘察费、设计费、工程招标代理、工程监理费、工程量清单及控制价编制费、工程保险

投资估算与中标价对比分析表（工程名称：四川大剧院） **表6**

序号	费用及名称	投资估算明细（万元）	投资估算合计（万元）	中标价明细（万元）	中标价包含范围	中标价合计（万元）	投标价与投资估比（负数表示超估算）
一	工程建设费用	34150.77	34150.77	32245.63		32245.63	1905.14
（一）	土建工程	18026.72	18026.72	15776.85		15776.85	2249.87
1	地上土建	5423.59	15468.46	3212.54	地上土建+部分基装	12532.63	2935.83
2	地下土建	8916.14		6162.56	地下土建+人防+地下车库及设备用房装饰		
3	地下室车库及设备用房装饰	1048.73		2567.31	全部钢结构		
4	原人防工程接口建设费	80.00		333.00	全部总承包服务费		
				257.21	地下室抗浮锚杆		
5清单以外部分	护壁降水工程	2558.26	2558.26	3244.23	基坑土方、降水	3244.23	−685.97
（二）	装饰工程	2647.59	2647.59	3457.24		3457.24	−809.65
1	外墙装饰工程（外保温+外门窗+石材）	1814.94	2647.59	3084.88	主楼玻璃幕墙+主楼石材幕墙+玻璃屋面	3457.2383	−809.65
2	屋盖面层	832.65		372.36	副楼玻璃幕墙+副楼石材幕墙		
（三）	安装工程	9368.30	9368.30	9733.37		9733.87	−365.07
1	给排水工程	1491.97	1491.97	1294.54		1294.54	197.43
1.1	给排水系统（投资额里面有98万本次不再投标中，在精装修阶段计取，投资额实际应该为708−98万=610万）	708.00	708.00	179.19	地下室给排水	394.11	313.89
				139.31	地上给排水		
				75.61	给排水管道抗震支架		
1.2	室内普通消防	147.50	783.97	437.55	地下室消防水灭火	900.43	−116.46
1.3	室内自动喷水灭火系统	331.87					
1.4	大空间智能灭火系统	157.10		299.05	地上消防水灭火		
1.5	水幕灭火系统	88.50					
1.6	气体灭火系统	59.00		163.82	消防管道抗震支架		
2	强电工程	2177.52	2177.52	2964.14		2964.14	−786.62

费等各类费用需进行审核，在过程中还需要按照实际进展和合同约定进行进度款的支付。截至目前，四川大剧院项目工程建设费用和工程建设其他费用的合同共签订合同49份，包含了工程类、设备类、咨询类、其他类等各种类型。过程的控制需要一个动态的控制，建立合同支付台账（见下表），实时更新支付信息，利用三算对比表，将投资估算、设计概算、施工图预算进行对比，严格把握每一个阶段的资金总额，做到概算不超估算、预算不超概算，严格把控投资。若投资控制有所偏离趋势，即进行有效的调整，做到投资可控。

4. 投资的控制还应该重视合同的管理。建设工程施工，具有投资大、周期长、风险环节多、管理难度大的特点，签订及履行施工合同应引起发包方格外重视，在合同起草阶段，造价工程师应与项目管理人员一起，对合同条款的合理性进行分析，完善合同条款，规避合同风险，并从造价控制的角度出发，对有可能对造价结果产生分歧的地方提出专业的意见和建议。比如：工程进度款按月付款或按工程进度拨付，但如何申请拨款，需报何种文件，如何审核确认拨款数额以及双方对进度款额认识不一致时如何处理？对于一些容易引起争议，影响工程施工的事项，应当约定清楚。对于合同中工期、质量标准、付款方式、结算方式、违约条款等合同条款进行梳理，严格按照发包方内部的合同评审程序进行合同审核，从而最大程度规避项目风险。

5. 技术变更经常会导致合同价款的改变。合同约定工程参与方在工地现场特别注意将技术签证转化为经济签证。在工程签证工作中明确约定以下几方面的问题：

1）凡是发生发包方提出的工程设计变更，均必须由发包方书面告知施工方，方可组织实施。施工方无权擅自对原工程设计方案进行变更，否则发包方有权对设计变更调整的工作量不予认可并追究施工方的违约责任。

2）施工方必须按照施工合同约定的时间，向发包方或监理单位提交已完工程量的报告。若合同约定要按进度支付进度款，而发包方未能按期支付，双方又未达成延期付款协议，导致施工无法进行，则施工方可以停止施工，并由发包方承担违约责任。在因发包方原因造成停工时，施工方一定要在合同约定的时间内向发包方书面发函并说明停工理由。

3）发生合同价款调整的情形施工方应及时向发包方发函。施工方应在设计变更、政策性价款调整、工程造价管理机构的价格调整等发生后14天内，将调整原因、金额以书面形式通知发包方。如果施工方没有在规定时间内书面通知发包方，则发包方有权不进行调整。

（四）项目施工阶段投资控制

施工阶段是一个将设计图纸、材料、

四川大剧院项目资金支付台账（汇总表）（单位：万元）　　表7

编号	工程和费用名称	投资支付控制情况				
		批准预（概）算	合同金额	实际完成	实际支付	备 注
一	建设工程费用	34052.77	31545.6269	4037.334632	4037.334632	
（一）	建筑安装工程	30652.77	29414.90	3398.12	3398.12	
1.1	护壁降水工程	2558.26	3244.23	2061.23	2031.23	进度明细005
1.2	施工总承包	28094.51	26170.67	1336.88	1336.88	进度明细012
1.3	精装修					
（二）	设备购置费	3400.00	2130.73	639.22	639.22	
2.1	舞台机械	3400.00	2130.7286	639.21858	639.21858	进度明细008
2.2	******					
……	……					
二	建设工程其他费用	40345.62	38908.85	38126.77	38126.77	
（一）	建设用地费–征地费用	35552.25	35552.25	35552.25	35552.25	
1	土地使用费	34500	34500.00	34500.00	34500.00	
2	土地交易税	1052.25	1052.25	1052.25	1052.25	
（二）	建设管理费	601.54	552.20	360.10	360.10	
1	项目管理公司管理费		384.2	192.1016	192.1016	进度明细004
2	建设单位管理费	601.54				进度明细003
3	BIM项目管理	0.00	168.00	168.00	168.00	
（三）	建设项目咨询费	54.90	93.91	93.91	93.91	
1	可研评估费		5.00	5.00	5.00	移交前财务账
2	可研编制费	35.30	51.57	51.57	51.57	移交前财务账
3	节能评审费	2.90	2.90	2.90	2.9	移交前财务账
4	节能评估费		19.5	19.5	19.5	移交前财务账
5	初设咨询费					初设评审会务费等
6	职业病危害评价及控制费					
7	环境影响咨询服务费（环评）	7.90	5.00	5.00	5.00	移交前财务账
8	环评评估费		1.94	1.94	1.94	移交前财务账
9	交通评价费	8.80	8.00	8.00	8.00	移交前财务账
10	防雷装置评估费					
……	……					
（四）	勘察设计费	1381.55	1142.68	747.96	747.96	
1	工程勘察费	40.00	24.00	19.20	19.20	进度明细002
2	工程设计费	1330.93	1108.00	720.20	720.20	进度明细001
3	施工图审查费	10.62	10.62	8.50	8.50	进度明细006
4	临时用水设计费	0.00	0.06254	0.06254	0.06254	一次性支付
……	……					
（五）	工程监理费	671.94	370.29	#REF!	#REF!	进度明细009
（六）	招标代理服务费	91.00	5.6096	5.6096	5.6096	
1	勘察设计招标代理费		5.6096	5.6096	5.6096	一次性支付
（七）	造价咨询费	280.93		95.41	95.41	
1	工程量清单及控制价编制费	121.93	按川价发〔141〕计取	95.4103	95.4103	进度明细010
2	竣工结算审查费	159.00				

设备、变成工程实体的过程，是全过程工程咨询中耗时最长、工作量最多、涉及面最广的一个阶段。施工阶段的投资控制也是对工程质量、工程进度、施工合同、变更签证的全面控制，工作内容较为烦琐，主要包括了：

1. 项目资金使用计划的编制和进度款的审核。

2. 参加涉及投资问题的施工协调会、工程监理例会，及时掌握施工过程中发生的对投资影响的情况。

3. 根据施工图对项目中的主要材料、装饰及安装未计价材料、设备的实际发生数量和价格进行测算和审核。

4. 对重大设计变更进行技术经济分析和论证，测算增（减）金额，向业主单位提供投资咨询意见。

5. 记录现场动态，收集证据，为业主单位“反索赔”提供建议，审核“工程索赔”报告书，防止或减少“工程索赔”事件的发生，协助业主单位处理索赔与反索赔问题。

6. 安排专业人员参加与造价密切相关的隐蔽工程验收、工程阶段性验收，以及单位工程的竣工验收和过程监控。

7. 参与现场收方并对其真实性、准确性进行审核和确认。保证按时到场参与收方。

8. 根据工程形象进度和施工单位送审进度月报，进行进度款审核并签注支付意见。

9. 对施工过程中完成的工程量及费用进行审核和监控（包括审核设计变更工程量、工程变更、现场签证及洽商的费用，新增单价，验工计价）。

10. 对涉及工程结算的相关资料进行收集和整理。

11. 按照业主单位的要求，提供与本工程业务范围有关的工程造价咨询意见。

本阶段是资金投入量最大的阶段，因有变更、索赔等不可预见因素，也是投资管理难度大的一个环节。在施工合同签订后，过程中的投资控制主要表现在进度款的支付、人工费调差、材料调差以及多方案的经济效益对比等方面。

虽然施工阶段的投资控制没有设计阶段投资控制效果好，但是重要性同样不能忽视，而且施工阶段的投资控制确实是全过程工程咨询投资控制阶段中耗费时间最长，争议最多的阶段，要在这个阶段努力做好定额管理，严格按照合同约定的方式拨付工程进度款，严格控制工程变更，及时处理施工索赔工作，加强价格信息管理，及时掌握市场价格变化。

在施工阶段最常见的全过程造价控制工作和影响工程造价因素如下：

1. 工程变更

工程变更就是当工程实际情况与投标时情况发生了变化，而其中设计变更是工程变更一个重要形式。由于在前期过程中，设计条件的限制、实际施工情况的变化或者业主需求的变化等原因出现的时候，往往会出现设计变更，变更的出现，会使投标工程量或者价格发生变化，从而影响最终的造价。

截至目前，四川大剧院变更一共63份，其中涉及费用项目43份，对于变更的审核，公司采用了正确的计价原则，严格按照合同约定的计价方式计算费用，签证应有据可依，尽量把签证图纸化。项目实施过程中，提出问题163个：影响使用的29个，影响施工的38个，影响设备安装的21个，影响后期维护的17个，修复BIM模型问题30处。

2. 新增项目

施工过程中由于设计变更和现场签证会有部分新增项目。掌握新增项目审核原则是非常必要的，完善审核制度也是非常重要的。各专业造价人员必须熟悉施工图、合同文件等资料，在符合其相关规定的前提下，对新增项目的价格进行审核及评价。最终经业主认可后方可实施。

3. 进度款的支付

1）坚持工程进度款支付的基本原则。即以工程量的计量结果、合同中规定的条款、日常记录和相关资料为依据，严格按照合同约定的程序进行，做到计算准确、公正合理。

2）审查施工单位提交的工程支付申请及其随同资料的完整性，做到资料不全或与合同不符不予签署、未经质量检查合格不予签署、存在违约行为不予签署。问题经处理符合要求后方可补签。

3）严格按支付程序进行支付。审核形象进度后，交由造价专业人员实施具体审核工作，审核结果与业主单位、施工单位交换意见确认后，由造价专业人员在规定的时间内出具支付证书。施工单位应签字认可审核结果。

4）业主单位按认可的支付证书中的金额支付进度款。

4. 建立支付台账、变更台账，动态分析建安投资

1）建立支付台账，统计工程实施造价、定期向业主单位汇报

工程实施造价包括合同造价，新增项目增加的造价，设计变更、签证增减的造价，可调材料价格调整引起的增减造价等。这些造价均是已发生或将要发生的工程造价，是工程实施造价的组成部分。

根据本工程的实际，造价专业人员将在该项目中建立工程实施造价统计台账，台账按工程项目分月统计，每月底累计至当月止的所有已完工程的实施造价。

2）建立变更台账

变更台账应以合同价为基础，掌握投资情况的动态变化。

3）分析预测

分析预测是投资动态跟踪评审的关键。在造价统计的基础上将造价统计结果分别与投资跟踪评审目标相比较，综合分析和预测，以便及时发现实际完成造价与投资跟踪评审目标的偏差，预测发展趋势。根据分析预测结果，如有必要，则依据各工程施工网络总计划，重新调整项目的投资跟踪评审目标，以求投资跟踪评审总目标的实现。

4）编制工作简报

工作简报将项目支付台账、变更台账、投资管理工作情况和投资管理工作中的问题及建议等定期报告给业主单位，是业主单位了解该项目投资计划和实施情况的窗口。

5. 材料替换

四川大剧院项目立项时间较早，设计阶段提出的一些材料规格、内容、型号或已经不能适应目前的市场，或已经无法采购，有的材料也有更加新型和高级的材料可以代替，这种时候施工单位提出，需要经过设计单位同意用新型材料替换设计阶段的材料，材料的替换同样有可能影响造价结果。因此在施工过程中也要做好询价工作，对于造价的变化给出相应的意见。

面对各类因素，有效控制工程造价是监理工作重点也是难点，另外科学地编制资金使用计划，可合理确定工程造价的总目标和各阶段目标，让造价控制有据可依。

四川大剧院作为四川省文化产业的一张名片，为了提高对项目的控制，现场还采用了“数字工地”技术，这是一种集信息管理和视频监控于一体的监管系统，为施工现场提供一种全新的、直观的视觉管理工具。在对项目、从业人员、施工设备的管理等方面起到了积极的辅助作用。这种“数字工地”看似与投资控制无关，其实也是全过程投资控制结合的一种技术手段，对建筑元素的人工、材料、机械等方面进行监管，从质量、安全、进度、成本4个目标进行的一种动态把控，解决管理人员不在岗、设备操作不当、材料浪费、施工人员效率低下等一些具体的问题，达到一种实时监管和电子化监管的管理效果。

（五）项目竣工阶段投资控制

工程竣工结算是对施工单位完成的建安工程在投资上进行的全面的、最终的总结，工程结算将决定建设项目的建安成本。结算质量的高低直接关系到国家和施工单位的切身利益。同时结算结果一旦生效，再发现错误，就难以纠正，必将给当事人双方造成经济损失。因此竣工结算审核是造价全过程控制的重要环节。

1. 熟悉资料

熟悉资料是开展审查工作的第一步，是审查的基础性工作，必须全面认真地阅读所有资料，在初步熟悉资料，并作好记录后，项目负责人组织造价人员及时互相交换情况，统一共性问题，不疏漏影响结算的任何问题。对资料不齐、表述不清、证据不足的资料，要及时要求重新提供并进行核实。

2. 现场踏勘

现场踏勘是为了复核竣工资料的真实性。因此在熟悉文字资料后，造价专业人员应到工程现场进行实地踏勘，以工程竣工资料为对象进行核对，发现有不符的内容，及时作好踏验记录。

3. 进行初步审核

在审核结算工程量时，必须对整个设计意图、全套设计图纸、现场情况等有充分的了解，熟悉工程全貌，然后有计划有步骤地按设计要求或验收规范，以严谨的工作态度，对整个工程的外观、结构、材料、质量等进行全面核查，并逐项准确计算核查工程量。根据已核定的工程量，按照合同明确的工程计价原则和方法，结合政策性调整文件，以及有关材料、设备计价方法和采购、运输、保管责任等规定，计算出工程建安造价。而后对整个计价过程进行反复审核，杜绝重复计价、漏计或少计，确保工程建安投资的正确性，最终保证投资跟踪控制目标的实现。

4. 向业主单位通报初步审查意见

在初步审查完成以后，由项目部向业主单位汇报初审情况。汇报内容包括审增审减的金额、内容及依据，争议的问题及解决办法的建议，待得到业主同意，并对解决争议问题的方案达成一致后，开始与施工单位进行工程造价的核对。

5. 核对工程造价

首先将结算书中存在的问题——告之施工单位。施工单位接受的，做好签字记录，形成证据。不接受的，进行数据核对，核对无误后，再签字形成证据。待初审中的全部问题得到落实后，形成审核与被审核双方共同认可的审核结论，核对工作结束。

6. 出具审核报告

在核对工作结束，形成审核确认表前，项目部将核对中的情况，向业主单位汇报。内容包括对初审中发现的问题，在核对中是如何解决的及最终审核结果情况。在业主单位同意确认金额后，分别由施工单位和业主单位签字盖章，造价咨询单位出具正式报告。报告应全面描述工程情况、审核依据、审减或审增原因分析、审核中发现的问题、咨询建议等。

7. 编制竣工结算报告

归纳整理造价相关资料，向业主单位提供工程造价咨询工作总结。

四、全过程工程咨询服务的实践成效

四川大剧院项目已处于完工验收阶段，从目前来看已取得一些效果，在全过程工程咨询中达到了以下管理效果：

1. 一次性介入，管理全面、到位。全过程工程咨询模式，对工程项目建设进行整体构思、全面安排、协调运行、便于前后衔接和系统化管理。例如本项目前期通过整体考虑，提前制定整个项目的招标计划，并且根据剧院项目特点，打破常规的在基坑招标阶段就提前进行舞台机械招标工作，使舞台机械单位提前介入与建筑设计单位进行配合。通过提前设计协作，整个剧场图纸大幅度修改，为后期避免了大幅度返工的风险以及节约了大量的时间，同时剧院的核心使用功能更加完善。

2. 伴随式的全过程咨询，信息准确、完整，业主需求更好地得到体现。立项阶段即深入了解业主的投融资情况，根据业主的资金情况有的放矢，使每一分投资都用在刀刃上。项目管理同造价相结合，有效地进行投资控制，限额设计、限额施工、限额采购。从设计阶段就开始对设计要求进行限额，跟踪审核设计概算，在保证使用功能得到满足的情况下从源头为业主控制投资。招标清单编制阶段充分考虑投资，对工艺、设备、材料等均进行投资控制，严格把控招标控制价。项目实施阶段采用限额施工、限额采购，严格按招标清单及设计图纸实施，确保项目实施不超投资控制。

3. 以投资控制为主线的全过程咨询使各个环节得到了更紧密地衔接，投资控制覆盖项目全过程，从决策阶段——设计阶段——发承包阶段——施工阶段——竣工阶段，能明显感觉到越到后期对于投资控制的效果越是下降，所以投资控制介入时间越早，对于投资的控制效果越明显。

4. 四川大剧院项目的全过程工程咨询，除了传统的管理手段，更是加入了新的技术手段，比如利用“BIM 技术 + 造价”“建筑蚂蚁网”“数字工地”等新的技术手段，进一步提高了专业度和准确性，体现出很高的经济价值。

晨越建管集团在该项目实施过程中，始终以投资控制为主线，通过全过程项目管理对各专业咨询的集成统筹，在确保工程优质，按期完工的前提下，有效实现了项目投资控制目标，通过现实案例论证了全过程工程咨询模式对提升建设效率和质量的有效性和先进性，为广大监理企业实践和应用全过程工程咨询模式提供了有价值的参考。

大直径土压平衡盾构浅覆土层穿越建筑物沉降控制

张永福[1]　韩银华[1]　1.上海建科工程咨询有限公司
罗叠峰[2]　2.上海市工程结构安全重点实验室 上海市建筑科学研究院

引言

近些年中国城市地下交通的发展迅猛，尤其在地铁建设方面，全国已有40多个城市在积极建设或筹建之中。地下隧道广泛采用盾构施工，盾构对地层土体的扰动会造成隧道周围土体重塑和再固结，有可能引起地面的沉降或隆起，从而影响地面建筑或地下其他设施的正常使用，甚至造成结构破坏。在城市内兴建地铁或其他隧道线路，不可避免的需要穿越城市既有建（构）筑物，盾构在掘进过程中若不采取措施或措施不当，有关地面建筑物就会发生沉降、倾斜或开裂的事故[1]。

随着地铁建设的增多，有关盾构隧道施工引发地表沉降的问题备受关注，有关研究内容包括盾构法隧道施工中地面沉降原因及规律、地面沉降计算和预测、沉降监测和沉降控制方法等[2~6]。由于超大直径土压平衡盾构更适合在市中心密集区域，施工场地狭小和环境条件复杂的条件下使用，国内盾构隧道工程中大直径土压平衡盾构的应用也越来越多，但目前有关大直径土压平衡盾构穿越建筑的应用研究仍相对较少。纪梅等[7]对上海迎宾三路隧道的大直径土压平衡盾构穿越地层进行了三维数值模拟，分析了盾构掘进引起的地面沉降。郭玉海[8]研究了北京地铁14号线10m大直径土压平衡盾构施工引起的地表变形规律，并结合具体监测断面分析了隧道埋深、上部土层条件（黏土或砂性土）、同步注浆量、土仓压力等对地表沉降变形的影响。孙长军等[9]研究了北京地铁14号线穿越既有建筑物时的沉降和倾斜的预测及控制技术。上海外滩通道是超大直径土压平衡盾构在中国的首次工程应用，成功地解决了外滩诸多建（构）筑物不同类型的穿越和保护，所采用的建筑物沉降控制技术具有借鉴意义。

一、工程概况

外滩通道是上海市“三纵三横”交通中三纵东线的组成部分，可解决外滩的交通拥堵，分流三纵东线的过境交通。外滩通道工程地下部分采用隧道形式，从天潼路端沿着大名路下穿外白渡桥，顺中山东路下推进至福州路口，双向6车道。本工程隧道盾构段全长1098m，隧道衬砌采用通用环管片（双木契形）错缝拼装，每环9块，隧道外径为13950mm，内径为12750mm，管片厚度为60mm。

上海外滩的历史建筑群是上海城市的标志，记录了上海开沪以来的沧桑变化。上海外滩通道工程的福州路—天潼路隧道沿线的重要建筑物有19处，本工程盾构施工将从浦江饭店、上海大厦、上海海关、上海浦东发展银行等一系列重要建筑旁穿越，施工风险很大。其中浦江饭店基础离隧道边线最近距离为2.7m，上海大厦桩基离隧道边线最近距离为2.8m。由于本工程盾构出洞后临近穿越浦江饭店和上海大厦北侧的福德路两栋二层民房（图1），隧道埋深较浅（覆土约9.4m），且建筑物的基础（浦江饭店为桩基，两层房屋为条形基础）情况又较差，在旁边进行大直径盾构施工对建筑物的结构安全影响非常大，极易产生地基沉降、墙体开裂、建筑物倾斜等问题。此外，由于盾构穿越区隧道顶部覆土层浅（最浅处约为9m），小于一倍直径，属于浅覆土施工，增加了地面沉降控制的难度。因此，盾构推进的过程中需要重点监控浅覆土层的沉降变形并

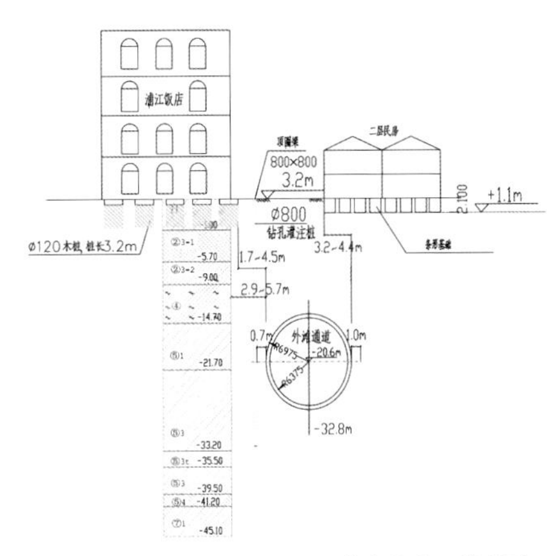

图1　隧道穿越浦江饭店及两层楼房的位置横断面示意图

采取有效的控制措施。

二、浅覆土盾构施工沉降影响因素分析

（一）地层变形与沉降的主要影响因素

盾构施工时的地层变形，是指从开挖面的土体层切削到管片组装、背面注浆材料为介质的地层管片一体化期间，发生地层的应力释放和盾构机体的摩擦、注浆的注入压力的作用和因注浆不足等引起的地层松弛、扰动、变形和位移等活动。由于释放的应力和注浆的注入压力不相称，无法达到两者完全一致，在隧道周边地层中产生地层应力变化，从而引发地层的变形和位移。盾构施工的地层变形与沉降的主要原因分析见图 2 和表 1。

（二）Peck 理论计算

软土地层采用盾构法隧道施工的地面沉降影响，一般采用 Peck 理论进行计算。横向分布的地面沉降量估算公式：

$$S(x)=S_{max}\exp\left(\frac{x^2}{2i^2}\right)$$

$$S_{max}=\frac{V_1}{\sqrt{2\pi i}}\approx\frac{V_1}{2.5i}$$

式中，$S_{(x)}$——横向地面沉降量（m）；

x——横向上距隧道中心线的距离（m）；

V_1——盾构隧道单位长度地层损伤量（m^3/m）；

S_{max}——隧道中心线出的地表最大沉降量（m）；

i——地面沉降槽宽度系数（m）。在上海软土地区，可按照经验公式 $\frac{i}{R}=\left(\frac{H}{2R}\right)^n$ 计算。

横向分布的深层沉降分布公式为：

$$S_{z(x)}=\frac{V_1}{\sqrt{2\pi i}}\exp\left(-\frac{x^2}{2i_z^2}\right)=\frac{V_1}{\sqrt{2\pi}\left(\frac{Z}{H}\right)^n}$$

$$=\frac{V_1}{\sqrt{2\pi}\left(\frac{Z}{H}\right)^n}$$

式中：无黏性土中 $n=1$，黏性土中 $n<1$，上海软土 $n=0.8$；

H——隧道中心距地表的距离；

Z——隧道中心距所求地层的距离；

$S_{z(x)}$——距隧道中心距离 Z 深度处横向沉降分布。

按 Peck 公式隧道中距地表 $H=18$m 计算，采用 ANSYS 有限元分析软件计算得到土体损失率与地表变形的关系见表 2：

三、沉降控制措施

（一）盾构机的针对性优化设计

隧道施工盾构选用日本三菱公司主造的直径为 14270mm 大型土压平衡盾构机，盾构机全长 95m，其中盾构机壳体长 13.585m，1 号车架长 25m，2 号车架长 22m，1 号车架和 2 号车架联系钢梁长 34.6m。为保证建筑物的安全，减小盾构施工对周边环境的影响，根据本工程的特点，首先对盾构机进行了针对性的性能优化设计：

1. 盾构机推进土压力控制的改进

由于本盾构机断面大，推进的单位时间内刀盘切消土体的体积较大，为了减少盾构机推进对土体的扰动，地层的损失率要控制在 0.1% ~ 0.2%，才能确保盾构机推进过程中正面土压力的稳定。平衡

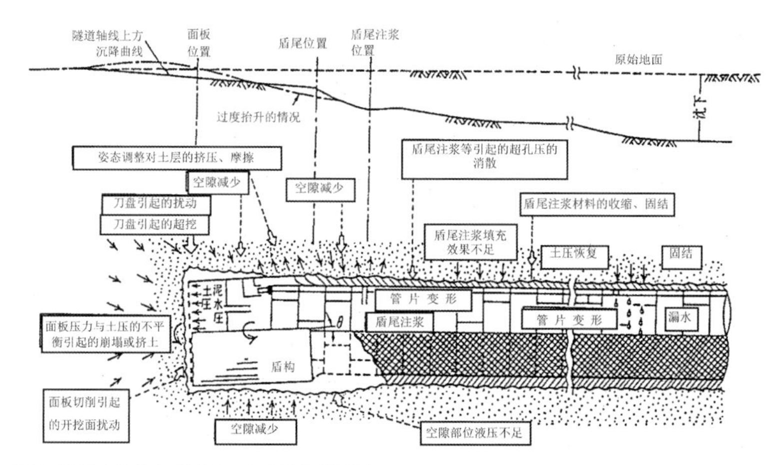

图2　地层变形的主要原因、变化趋势概要图

地层变形机理　　表1

地层变形的种类	原　因	地层状态的变化	变形机理
前方沉降	地下水下降	有效覆土压力增加	压缩、固结沉降
开挖面前方隆起或沉降	开挖面崩塌，过大超挖，开挖面挤压	地层的应力释放、扰动，水土压的不平衡	应力变化引起的变形、破坏
通过时隆起或沉降	超挖的变形、盾构外周与地层的摩擦，盾构机械的姿态	地层的应力释放，扰动	应力变化引起的变形、破坏
脱盾尾时隆起或沉降	产生尾隙，注浆量及注浆压力的过大与不足	地层的应力释放，扰动，土水压的不平衡	应力变化引起的变形、破坏
后续沉降	上述全部原因	—	主要是上述的残留部分

土体损失率与地表变形量 表2

地层损失率	0.1%	0.2%	0.3%	0.5%	1.0%	1.5%
垂直方向的最大变形量（mm）	3.02	4.34	7.68	9.32	12.86	32.04
水平方向的最大变化形量	0.47	0.68	0.92	1.02	1.80	4.85

土压方法选用了世界领先技术土仓气泡注入法施工，发泡剂选用法国 CONDAT 泡沫剂，以增加刀盘切削的土体在仓内的流塑性，减少土仓内的压力波动。盾构机刀盘断面设置了 8 个泡沫注入孔，以便根据实际压力的变动即对注入发泡剂。

2. 盾构壳体周边增设注浆孔

在盾壳支承环和盾尾环位置，增设两圈备用注浆孔，每圈成 45° 角增设共 8 个注浆孔，主要是充填刀盘和壳体的超挖量和盾构姿态的偏差产生的超挖量。一旦在盾构穿越建筑物过程中出现沉降偏大的工况，可以通过盾构本体上所设的注浆孔，先期进行针对性注浆处理。

3. 盾构机出土采用皮带机连续出土

皮带机输送土体在盾构推进中的首次的应用，减少了盾构机停顿时间，使盾构工作系统最大限度保持在动态平衡运作过程中。

（二）管片的改进

为了确保盾构穿越浅层段，隧道的自身稳定和刚度是关键，管片拼装采取了如下措施：

1. 采用剪力销管片，保证纵向稳定性。

2. 每块观片上增设 2 个注浆孔（除封顶快），以便及时进行二次注浆。

3. 在管片的内表面增设预埋铁板，管片拼装成环后，立即对管片纵向，环向进行钢板焊接，增加隧道的刚度。

（三）试验区段盾构机推进参数的调整

在盾构机推进加固区的试验区段内，主要就盾构机的技术参数如：土仓压力、推进速度、出土量、注浆量、注浆压力等进行确认，技术参数值的设定要根据地面的沉降变化进行实际修正，掌握盾构机推进过程中土体的特性，土层沉降的变化规律，以便正确设定盾构机的施工参数。根据地层的变化情况，采用适宜工况条件变化的最佳措施，减少盾构机施工过程中对土层的扰动，减少地层土体损失，控制地层的沉降变化，从而确保建筑物的稳定。

盾构机出仓正面平衡压力的理论计算公式为：

$$P=k_0 r h$$

式中，P——平衡压力（含地下水头压力）；

k_0——土的侧向静止平衡压力系数（一般 0.70 ~ 0.85）；

r——盾构机穿越土层土体比重的加权平均重度；

h——埋置深度（m）。

盾构机穿越福德路二层楼房的土压力设定在 170 ~ 200kPa 之间变化，试验段土压力设定以理论计算为基础，压力的波动控制在 ±0.01MPa 范围内，实际施工根据沉降监测数据和土仓内的土压计的读数进行调整。如图 3 所示，盾构推进到 27 环以后，设定的土压力和实测的土压力趋于一致。

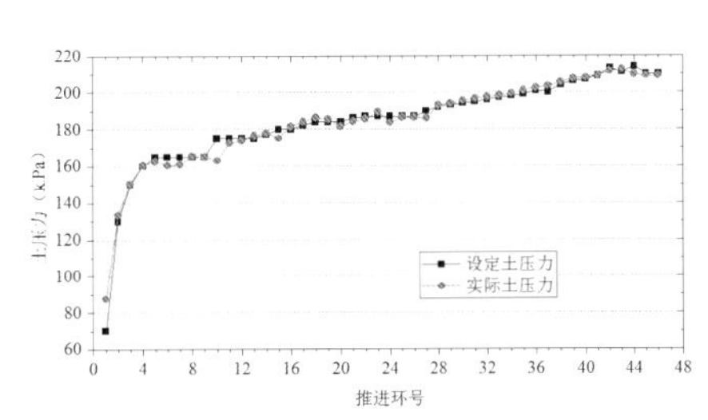

图3 盾构机推进压力设定值与实测值对照变化

（四）盾构机推进轴线姿态的控制

1. 盾构机推进轴线控制措施

盾构机设置自动测量系统，对盾构轴线采取实时监测，根据监测数据，动态的调整盾构机的切口，即时纠偏。盾构机监测系统能准确计算当前盾构机的姿态，管片拼装的截面状况，并能合理确定下一环，管片封顶块的拼装位置，修正盾构机实际推进轴线与设计轴线的偏差，并能拟合曲线段管片拼装的缝隙。

2. 推进速度

合理控制推进速度，使盾构机均速慢速施工，减少盾构对土体波动式的扰动，减少地层的损失率，控制地面的变形量。在穿越试验区段内盾构机的推进速度审定在 2mm/min 左右，尽可能保持推进速度的均衡稳定，如图 4 所示。

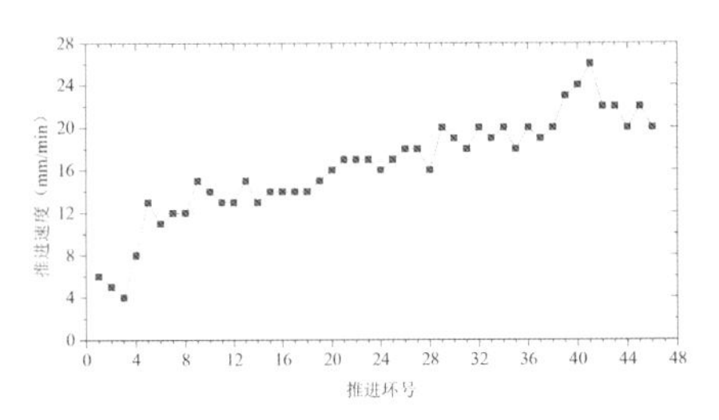

图4 盾构施工推进速度实测变化

3. 拼装管片过程中土仓压力波动的调整

每环管片拼装时间 1.5 ~ 2 小时，拼装过程中，盾构机是处在停推状态，为了防止盾构机停顿状况的正面土压力损失，及时向刀盘仓内注浆平衡压力波动，盾构施工期间盾构机姿态实测变化如图 5~7 所示，水平和垂直轴线在偏差 5mm 范围内随时调整随时推进。

（五）盾尾同步注浆的控制

1. 注浆量的控制

管片推出盾尾后，管片和盾壳之间

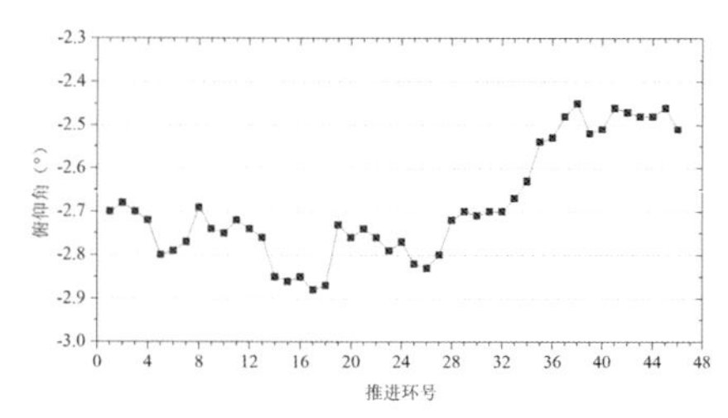

图5　盾构掘进俯仰角变化

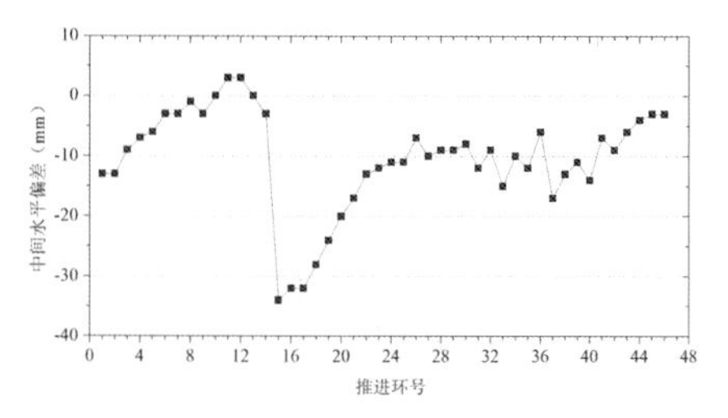

图6　盾构掘进水平轴线变化

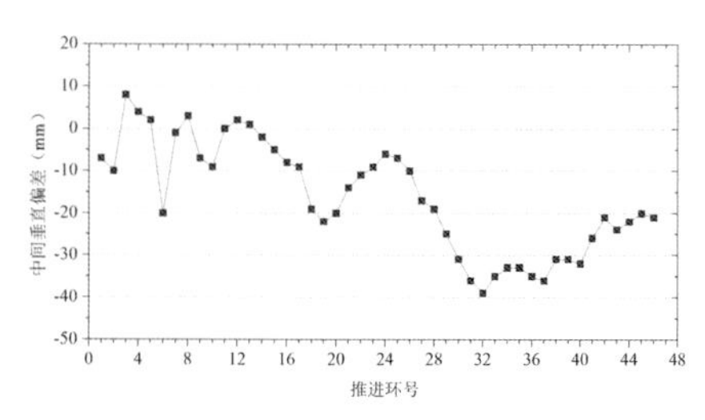

图7　盾构掘进垂直轴线变化

的间隙是同步注浆控制地面沉降的关键措施。本盾构机、管片和盾壳之间的理论间隙是160mm，每环产生的空间为：

$$V=2\pi\left(R^2-r^2\right)=2\pi\left(7.135^2-6.975^2\right)=14.18$$

盾构机尾部按上、中、下设置6个注浆孔，三台压力泵。根据千斤顶推进速度产生的充填空间，同步注入1.1～1.2倍空间的浆量。

2. 注浆液的质量控制

严格控制注浆配合比、浆液比重、浆液坍落度以及浆液的初凝时间等指标，确保浆液的质量稳定。

3. 管理方面措施

分别设定上、中、下6个注浆孔的压力值，保证浆液压注的均匀性、连续性，有效合理即时填充建筑空隙，压浆工作落实专人负责，对压入位置、压入

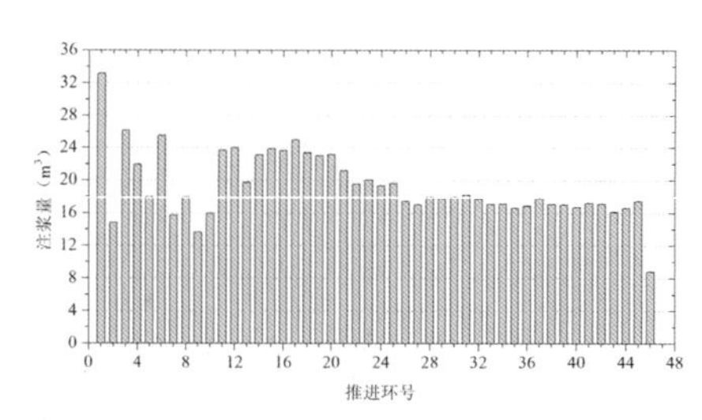

图8　每环注浆量统计变化

量、压力大小均作详细记录（见图8），并能根据地层变形监测信息及时调整，确保压浆工序质量。

四、沉降监测数据分析

本工程中，在浦江饭店采用Fcec全回转钢套灌柱桩工艺进行隔离，隧道的边线离隔离墙仅0.6m。由于隔离墙的阻隔作用，盾构机推进对浦江饭店基础影响较为理想。如图9所示，盾构推进产生的浦江饭店最大累计沉降量为－8.73mm，对结构影响较小。

大名路西侧的福德路二层民房，在偏西侧隧道下方，楼房结构差，盾构机下穿该楼房，理论计算土体损失率如大于1%，沉降量较大，结构不能满足居住要求。通过采取上述的技术措施、设备改进和信息化管理，2009年2月14日盾构机刀盘推进该楼下方，3月19日盾构机的尾部顺利穿出该楼房，楼房的最大累计沉降量＋7.8mm，最大倾斜为0.21%，局部有些裂缝，裂缝修复后可正常使用。福德路二层居民楼沉降变化如图10所示，楼房后期出现正值，主要原因是大名路管线施工，地面浅土层松散，引起隧道上浮产生的地面隆起。

沉降监测数据结果表明：上海外滩通道大直径土压平衡盾构在穿越浦江饭店和福德路二层民房的掘进过程中所采

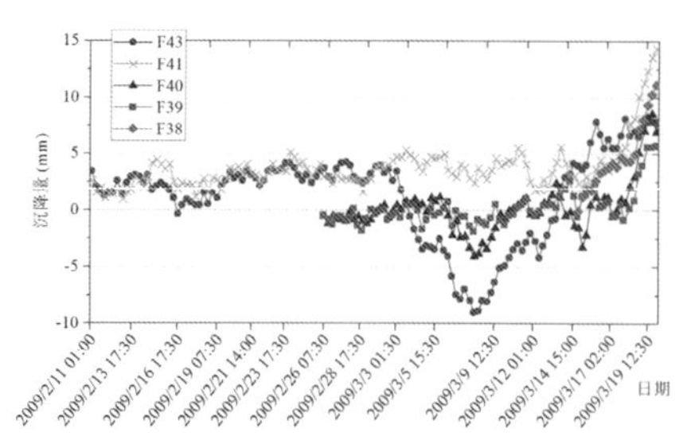

图9　浦江饭店监测点的沉降变化

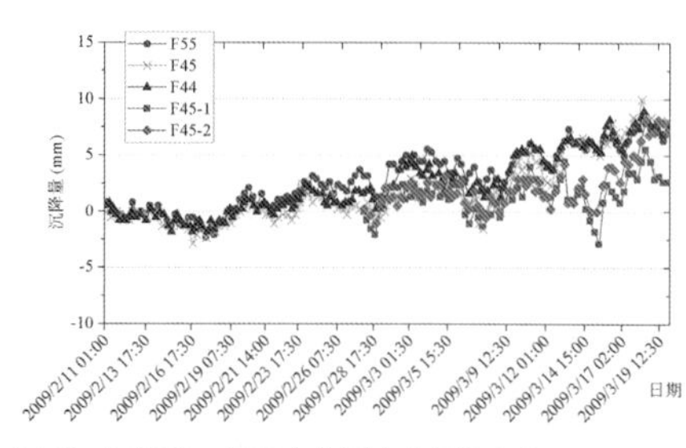

图10　福德路二层民房监测点的沉降变化

取的施工控制措施有效，将地面建筑的沉降成功控制在允许范围以内。

参考文献

[1] 朱逢斌，缪林昌．盾构隧道邻近建筑物施工的地面变形分析及预测[J]．东南大学学报（自然科学版），2013，43（4）：856-862．

[2] 戚国庆，黄润秋．地铁隧道盾构法施工中的地面沉降问题研究[J]．岩石力学与工程学报，2003，22（s1）：2469-2473．

[3] 虞兴福，金志宝，胡向东，等．杭州地铁某盾构隧道施工地面沉降规律分析[J]．河南大学学报(自然版)，2013，43（1）：101-105．

[4] 贾剑，石景山，周顺华，等．盾构隧道扩建地铁车站地表沉降预测及分析[J]．岩石力学与工程学报，2013，31（s1）：2883-2890．

[5] 何小林，王涛．盾构法隧道施工引起的地面沉降机理与控制[J]．科技资讯，2012（17）：71-72．

[6] 王建秀，田普卓，付慧仙，等．基于地层损失的盾构隧道地面沉降控制[J]．地下空间与工程学报，2012，8（3）：569-576．

[7] 纪梅，谢雄耀．大直径土压平衡盾构掘进引起的地表沉降分析[J]．地下空间与工程学报，2012，08(1)：161-166．

[8] 郭玉海．大直径土压平衡盾构引起的地表变形规律研究[J]．土木工程学报，2013（11）：128-137．

[9] 孙长军，张顶立，郭玉海，等．大直径土压平衡盾构施工穿越建筑物沉降预测及控制技术研究[J]．现代隧道技术，2015，52（1）：136-142．

浅谈监理如何控制直线加速器机房防辐射施工质量和安全

刘钦
武汉华胜工程建设科技有限公司

摘　要：医用直线加速器是用于癌症放射治疗的大型医疗设备，直线加速器机房就是为此专门建造的医疗专业用房，它结构复杂，防屏蔽要求高，施工难度大，质量安全控制点多，是监理管理的重中之重。

关键词　直线加速器机房　结构防辐射质量　安全

同济医院中法新城院区（蔡甸）建造了6间直线加速器机房，共用一个筏板基础。该直线加速器设备有高辐射性，为了满足防辐射要求，设计采用大体积，高密度重晶石混凝土，混凝土强度等级为C35，每个机房墙最小厚度为1800mm，顶板最大厚度为2400mm，均属于大体积混凝土施工。

一、监理审批重晶石大体积混凝土施工方案

根据国家卫生职业标准要求，在设计和评价治疗机房屏蔽时，应充分考虑"天空散射辐射"和"侧散射辐射"对机房邻近场所中驻留人员的照射，所以本工程设计机房顶板、侧壁均为重型混凝土，且厚度较大。机房混凝土为大体积混凝土，容易产生不同深度的裂缝，这些裂缝如果成为贯穿裂缝不仅影响机房结构安全，还会影响结构防辐射性能，降低机房结构质量，如果机房防辐射指标不达标，将无法投入使用，所以在大体积混凝土施工时，裂缝控制是质量控制的要点。大体积混凝土裂缝的产生是由于水泥水热化、混凝土收缩变形、外界环境温度变化等原因造成，所以监理在审批方案的可行性时，首先要审核方案里裂缝控制措施，侧重审核温控温测措施。施工单位报送的专项施工方案里温控措施是在墙身、顶板钢筋网片之间安装冷却水循环降温管网，用DN40镀锌钢管丝接，如图：

从开始浇筑混凝土到养护完毕，冷却水一直循环，不停地把混凝土内热量带出，使里表温差不超过极限值。方案的测温措施是派专人每隔2小时进行测温，并做好台账，一旦发现混凝土内外温差超过25℃，将采取外部加热等各种措施。经过实验和讨论，监理认为该措施可以满足规范要求，同意采取这种措施。

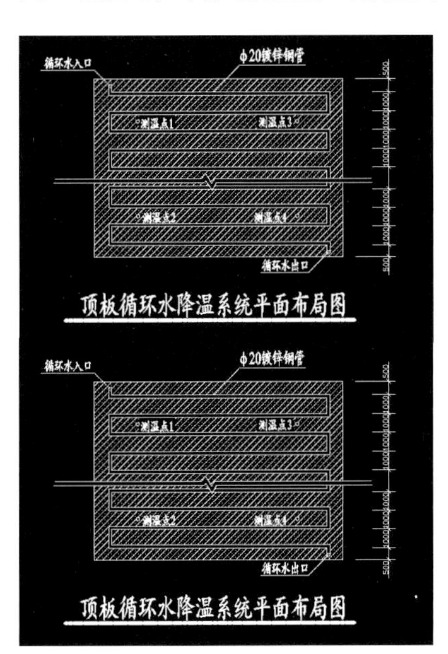

二、监理召开质量专题会议

对于重晶石大体积混凝土施工方法监理组织了专题会议进行讨论，邀请建设单位、设计单位、施工单位的项目负责人和各专业负责人参加，解决实施方案前的困难和明确实施方案时的要点，比如在原材料配比方面，设计单位要求机房顶板、侧壁采用重型混凝土，容重为29kN/m^2，密度为3.5g/cm^3，但在施工单位找遍整个武汉市，艰难找到重晶石骨料后，实验室却只能配出密度为2.9g/cm^{3}的重晶石混凝土，无法满足设计要求，这样结构也无法达到屏蔽功能，因此监理单位组织召开了多次专题会议，讨论解决方法，监理单位查阅相关资料，根据国内外经验，提出了顶板加高、降

低混凝土标号和设计密度措施，来满足结构防辐射问题，经过各方讨论和设计单位计算复核，最终将重晶石混凝土密度改为 2.9g/cm^3，顶板加厚 200mm，以保证结构防辐射性能。

三、监理要求施工方组织安全专项施工方案专家论证会

根据住建部《危险性较大的分部分项工程安全管理办法》建质〔2009〕87号文，混凝土模板支撑工程施工总荷载 15kN/m^2 及以上，集中线荷载 20kN/m^2 及以上时应组织专家对专项施工方案进行论证。加速器机房顶板采用重型混凝土，容重为 29kN/m^2，板厚 1400mm、2400mm，满足专家论证条件，所以监理要求施工单位组织专家论证会，对方案的搭设钢管、支撑体系的构造、荷载计算书、安全管理制度、安全检查验收、安全监测等方面进行了论证，这样保证了方案的可行性。

四、监理根据专家意见提出的安全要求

（一）模板支撑体系结构要求。立杆间距 400mm，水平步距 1000mm，顶托上采用双钢管，木方满铺，每一步水平杆均要与周边剪力墙顶紧顶牢。立杆下必须设置垫板，确保地基有足够承载力，各扣件螺栓均采用测力矩扳手拧紧，扭矩控制在 40~50N · m。

（二）搭设架体的钢管要求。钢管壁厚 3.5mm，最大质量不应大于 25kg，应有合格证和检验报告，不应有裂缝、结疤、分层、错位、深划痕、毛刺等问题。

（三）明确验收程序及安全监测措施。总包方应严格执行“三检”制度，自检合格后报监理方验收，验收通过后才能进行下一道工序，在模板体系搭设时，指派专人定时对支架基础变形、架体位移进行监测，超过预警值立即整改，保证支架的搭设与方案要求一致。

五、施工阶段监理防辐射质量控制

（一）原材料控制。原材料是影响施工质量的重要因素，所以在混凝土浇筑前，监理要求施工方报送砂、石、水泥、钢筋等材料合格证明及检测报告，特别是重晶石骨料，重晶石混凝土的开盘鉴定和钢筋送检报告，必须提供给监理后，才能浇筑，否则将无法保证直线加速器机房结构屏蔽质量。

（二）隐蔽验收。在混凝土浇筑前，施工单位自检合格后，监理方必须进行隐蔽验收，根据设计图纸，重点对钢筋的规格、型号、数量、连接构造和预埋件、冷却水管、标高等进行检查验收，而且一次验收是不够的，直线加速器结构墙、板体积大，钢筋密，构造复杂，所以监理要分阶段、分断面、多层次进行验收，不放过每一个细节，保证钢筋工程符合设计及规范要求。

（三）混凝土浇筑。施工工艺也是影响施工质量的重要因素，监理根据审批后的质量专项施工方案，进行了 24 小时旁站监理。现场采用两台汽车泵泵送混凝土，施工方与商混站进行了沟通，浇筑期间专项供应，保证混凝土浇筑的连续性，以防产生冷锋，影响结构防辐射质量，监理在旁站时要随时检查商混的供货单，保证浇筑的混凝土与设计相符合，在浇筑振捣时，严格控制施工方浇筑顺序和分层浇筑量，当分层浇筑厚度大于 500mm 时，立即叫停，工人振捣时，监督其振捣方法，不容许漏振和过振，时刻提醒施工方质检员，如有差错，立即修改，这样保证了混凝土的浇筑质量，也保证了直线加速器结构防辐射质量。

（四）裂缝控制。裂缝直接影响着机房屏蔽质量的好坏，混凝土产生裂缝的原因有很多，在这里只谈监理如何控制因温度变化产生的裂缝。首先，控制混凝土的里外温差，监理在旁站时要确认埋入墙、板内的冷却水管是否正常工作，确保一直有冷却水进行循环，将热量散出，其次要定点到测温口进行测量温度，检查测温口是否正常，然后测量温度，记录每次测得数据，如果里外温差大于 25℃，或者表面温度与空气温度差和表面降温率大于规范值时，就要求施工方采取缩小温差措施，如混凝土加冰块、冷却水加速循环，以控制将来裂缝的生成。

六、施工阶段监理安全控制

施工阶段，监理按照审批后的安全专项方案进行了加速器机房施工安全控制工作，从进场钢管的壁厚检查到模板支撑体系的搭设和重型混凝土的浇筑，监理均深入一线，检查每个危险源，督促施工方做好安全技术交底工作以及安全监控工作，要求施工方召开现场安全教育会，时刻提醒作业人员安全第一。每个机房内模板支撑体系搭设完后，监理均进行了验收，符合要求后才允许施工方进行顶板作业，在多方共同努力下，直线加速器结构施工从支架搭设、模板安装、钢筋安装到最后的重型混凝土浇筑整个过程均未出现安全事故，事故率为 0。

参考文献

[1] 王龙志，吕世军，李宗才．泵送重晶石防辐射混凝土在千佛山医院直线加速器机房工程中的应用[J]．山东建材，2007，28（4）：37-40．

[2] GB 50496—2018 大体积混凝土施工标准 [S]．北京：中国建筑工业出版社，2018．

结合信息系统项目论管理者的进度管理

李旭
吉林通信工程建设监理有限公司

摘　要：本文结合作者实际经验，以信息系统项目为例，着重介绍了建设过程中进度管理的方法和内容。

关键词　总监理工程师　进度　管理

2015年2月，作者作为总监理工程师参与了某省森林重点火险区综合治理工程，该项目投资共3000万元人民币，建设工期为1年。由于本项目涉及甲方业务考核，因此进度管理尤为重要。作者作为总监理工程师，除了对其余管理领域进行恪尽职守的管理外，特别从以下几个方面着重开展进度管理。

一、活动定义

活动定义是通过工作分解结构（WBS），将项目工作分解为一系列更小、更易管理的活动，这些小的活动是保障完成项目最终交付产品的具体的、可实施的详细任务。本项目签订合同后，通过项目设计文件、用户采购需求书，将本项目分解为3个子项目，瞭望监控塔及网络基础建设子项目，瞭望监测系统：林火视频监控系统及监控中心设施设备建设子项目，扑火营房及物资储备库子项目，每个子项目下再分解为若干分项目，如扑火营房子项目每处是1个分项目。分项目下再分解为分部分项工程。将项目分解后再定义若干里程碑事件，作为项目控制的重点。如林火监控系统的网络链路调试结束即为一个里程碑事件，因为只有该项工作结束后，才能进行监控系统远程联调。

二、活动排序

活动排序即确定各个活动任务之间的依赖关系，科学合理地安排各项活动的进展顺序。在该项目中使用前导图法对整个项目进行排序。并根据设定的各个里程碑事件以及各活动的依赖关系来确定各个项目的完成节点。如在林火监控的网络链路调试前应完成监控塔的安装、网络基础建设线路的敷设和物理联通，以及监控中心设备的安装和单机调试。并根据各个子任务的历时估算安排子活动的开工时间，工期长的项目如网络基础建设就安排提前开工，工期短的项目如监控中心设备安装与调试安排在后面开工。监控系统软件的安装与调试安排在最后面。

三、活动资源估算和历时估算

活动资源估算包括项目实施的人力、设备、原料使用量以及投入的时间节点。而活动历时估算关系到各项具体活动、工作网络时间和完成项目所需时间的整体估算。若活动时间估算太短，则在工作中会出现被动紧张的局面，反之若活动时间估算太长，则会使整个项目的完工期延长。活动资源估算需要和活动历时估算相结合。本项目在实施前，根据项目范围说明书及目标工期，审批承建单位的施工组织方案，并结合三点估算方法（各项活动最乐观估计、最悲观时间和最可能的时间）降低历时估算的不确定性。另外也对各个分项目的总时差与自由时差进行了计算，以便在项目执行出现偏差时能够掌握控制偏差的余地。通过活动排序，结合活动的资源和历时估算最终形成了更新的活动清单。本项目历时最长、不确定性最大的为扑火营房子项目。因为不同营房分项目需要选址、报批、招投标等流程，这些环节的具体实施时间很难估计。

四、制定进度计划

本项目中，在确项目进度计划时，根据上述活动定义、活动顺序、活动资源估算和历时估算制定了详细的进度表，包括每项工作的任务量、开始时间、结束时间。并和施工单位的进度计划相对接。在项目计划制定过程中采用了以下几个技术，关键路径分析、进度压缩和资源平衡。关键路径的工期决定项目最终的工期，因此关键路径上的工作也是项目进度计划关和进度控制关注的重点。本项目的关键路径即为监控塔及基础、监控设备安装与调试、软件安装与调试以及系统联调。如果上述几部分工作的进度受到影响，势必整个项目的完成受到威胁。所以在制定进度计划时对关键路径的工作进行了精心的演算和分析。进度压缩包括赶工和快速跟进。赶工会增加成本，快速跟进可能由于后续工作设计图纸和材料设备尚不具备条件即提前实施而增加项目的风险。因此在本项目进度计划中对这两个方法作为应急方案，当进度滞后需要及时纠偏时才予以实施。资源平衡是指通过延迟项目任务来解决资源冲突问题的方法。这是一种网络分析方法，它是以资源管理因素为主进行项目进度决策，其作用包括：1）根据进度计划调整项目所需的人力和物质资源，避免资源不够、资源冗余或资源不均衡等现象的发生。2）减少一种或一些资源的过度分配或分配不均，避免资源的浪费，提高资源的使用效率。3）充分利用非关键路径上的浮动时间来灵活安排项目资源，确保进度计划的有效实现。4）在进度拖期的情况下，调整资源的投入水平，控制项目进度。5）根据现有的资源情况，优化和合理调整项目进度计划，提高项目管理的效率和效益。本项目在审核施工进度计划安排时，特别注重了对资源平衡的检查。前期网络建设工作量大，因此计划中安排了较多的施工队伍平行作业，后期网络调试时，安排了较少的队伍对前期未完成的工作量进行整治和收尾。

五、跟踪和控制项目计划的执行

为确保本项目的如期完成，在项目开始后通过以下手段对项目进行跟踪和控制。1）审核施工单位的资源到位情况、进度计划安排和进度保证措施是否满足进度计划的实施。2）定期搜集进度报表资料，及时更新和发布监理进度报表，让建设各方及各级管理部门对工程进度心中有数。3）每周召开进度会议，包括各子项目、监理项目部内部以及三方会议，对照项目实际进度和计划进度是否存在偏差，并分析进度滞后或非正常超前产生的原因，予以纠偏，并对前期纠偏的情况进行检查。4）派监理人员常驻现场，检查进度执行情况，根据监理日记和监理通知单等日常监理活动中发现的影响进度情况的问题及时处理，重视小的细节，不放过各个细小的环节对进度的影响。5）在实际进度落后计划时，要求施工单位采取增加技术人员、安排流水施工等措施。必要时采取赶工、快速跟进等措施挽回损失的工期。

在经过严格和合理的进度计划和进度控制度措施下，2017 年 4 月通过了业主方组织的验收，监理团队也得到了业主的好评。本项目的成功得益于成功的进度管理和其他管理手段。

但本项目也存在一些遗憾，在项目实施中影响了项目进度。如本项目中因夏天雨季造成华东地区洪水原因，影响监控设备的生产，供货时间延后，同时因 G20 峰会管制，厂家无法及时发货，施工单位提交了项目延期申请，经审查属于不可抗力原因，同意该项目的延期，工期予以顺延。另外在某个营房建设分项目中，由于该子项目的施工单位项目经理频繁更换，致使项目衔接不力，收尾工作迟迟未能完成，直到监理公司和甲方协调后通知施工单位在规定时限如仍无法完成将予以更换施工单位，引起了施工单位的足够重视，才使该子项目后续工作得以顺利完成。经过后期的纠偏，这些影响进度的因素最终没有对项目实现目标工期内完成产生影响。

记邯郸客运交通枢纽项目的特殊结构施工工艺

（核心筒支撑 + 吊索 + 钢桁架体系）

姚沛熙

北京国金管理咨询有限公司

一、工程概况

邯郸客运交通枢纽项目的结构形式在全国只有3处使用过。邯郸客运中心主站项目位于邯郸高铁站东侧，建筑面积9.9万平方米，由客运中心主楼、站房、发车平台3个单体组成。以“太行石韵”为设计灵感，建成后将成为邯郸市的地标性建筑之一。

主楼建筑高度为47m，长113.4m，宽56.7m，主体结构为地下一层，地上11层。空腹钢柱、钢骨柱、型钢梁和钢桁架，钢骨柱为核心筒内十字柱，空腹钢柱包括钢管柱和箱型柱，型钢梁为H型钢梁，桁架的弦杆为H型钢，腹杆为矩形，主要结构形式包括杆件。

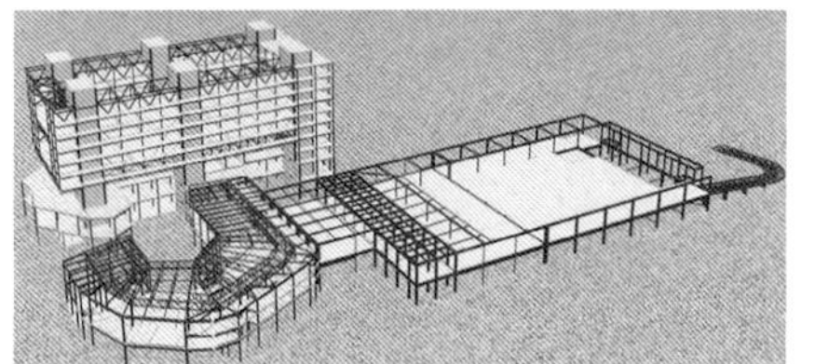

二、主体结构形式

邯郸客运中心项目主楼为核心筒支撑 + 吊索 + 钢桁架体系，其结构形式多样，钢桁架、悬挑结构施工难度大，需根据结构特点做好施工模拟分析，严控施工工序，确保结构受力状态合理；施工难度大，工序工艺复杂。

临时支撑体系设置复杂主楼是以核心筒支撑的钢桁架结构体系，在桁架施工阶段需做好临时支撑，保证结构受力体系问题，临时支撑设置复杂，拆除难度大。

（一）总体思路

主楼结构为核心筒支撑 + 吊索 + 钢桁架体系，施工以核心筒为主线，外部悬挑钢桁架结构交替进行。主要施工程序为，先施工核心筒结构至5层，主楼周边3层外框架结构配套进行，然后施工核心筒5层至顶层，外部悬挑钢桁架结构通过设置临时支撑交替进行。

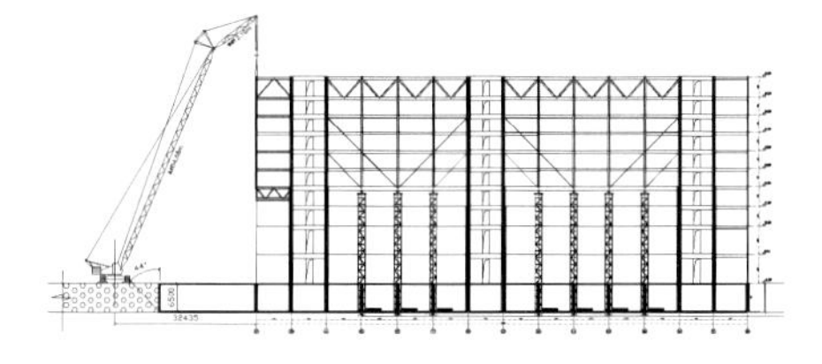

吊装机使用7台QTZ80塔吊，为提高施工效率，现场配置2台150t履带吊进行辅助吊装。

（二）主楼核心筒间悬临时支撑

主楼核心筒间悬挑结构通过拉索反拉形成大跨度悬挑结构体系，故拉索张拉前结构体系需进行下部支撑。经施工模拟计算，支撑塔架最大压力699kN，最小406kN，为此设计支撑胎架按照额定承载力75t设计。

1/U轴、1/N轴无混凝土柱，此部分支撑胎架需设置地下室承台基础处，在下部设置转换梁来进行支撑，如下图所示：

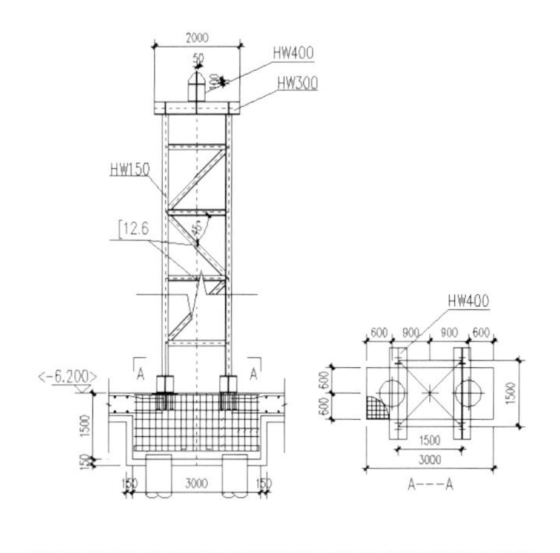

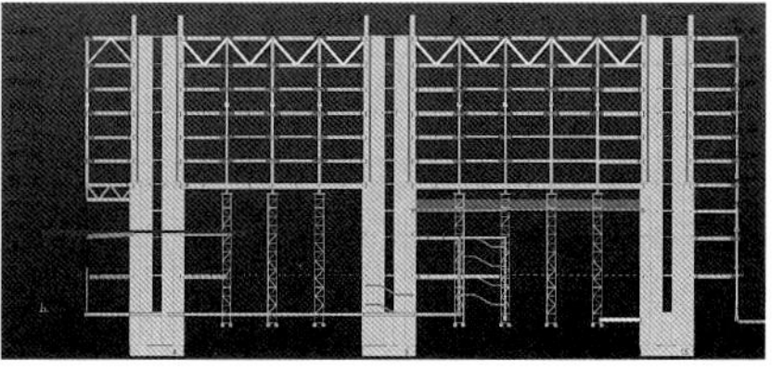

T轴、Q轴线1~3F设有钢管柱，为此支撑胎架设置在地下室混凝土柱柱帽下部，在混凝土柱上通过设置钢牛腿进行胎架支撑，如下所示：

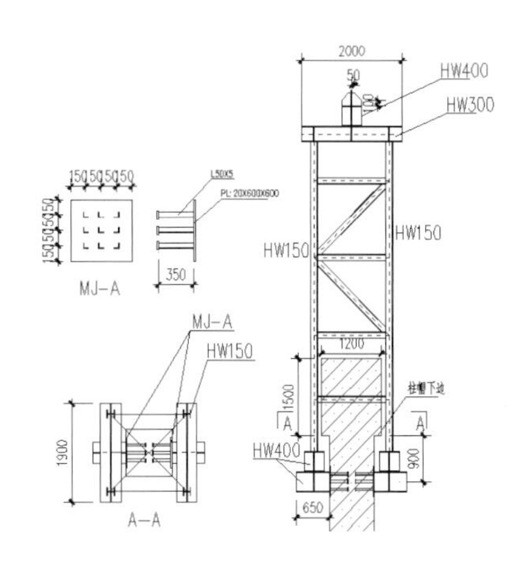

1. 临时支撑设置定位

根据本项目结构特点及起重机械性能参数，主楼共在两个部位需设置临时支撑胎架，即2轴线5层悬挑桁架结构、1/U、1/N、T、Q轴核心筒间悬挑结构。

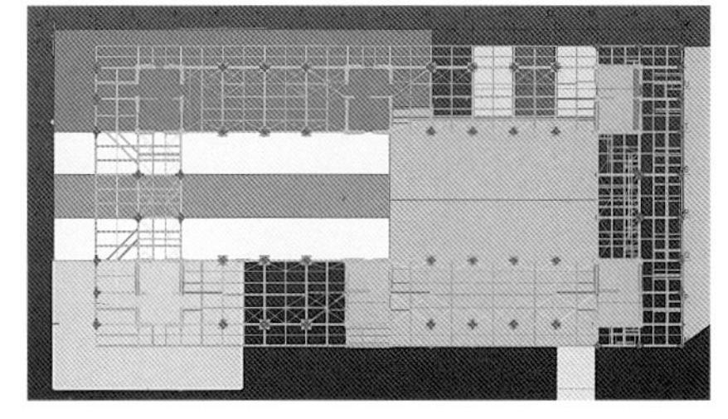

支撑胎架设置平面示意图

2. 2轴线临时支撑

根据结构设计，2轴线悬挑桁架结构经核心筒结构相连形成自身悬挑结构体系，为此此部分支撑胎架设置在2/U、T、Q、P轴。临时支撑设置在3F钢柱柱顶上，主要承载8层以下结构安装，临时支撑通过钢柱将荷载传递至地下室混凝土柱上。

2轴线8层以下悬挑结构自重约190t，内侧与核心筒相连，外侧用支撑胎架4组临时支撑，支撑胎架为独立支撑，截面为HW300X300X10X15、高度为6m、设计荷载为300kN，支撑胎架形式如下：

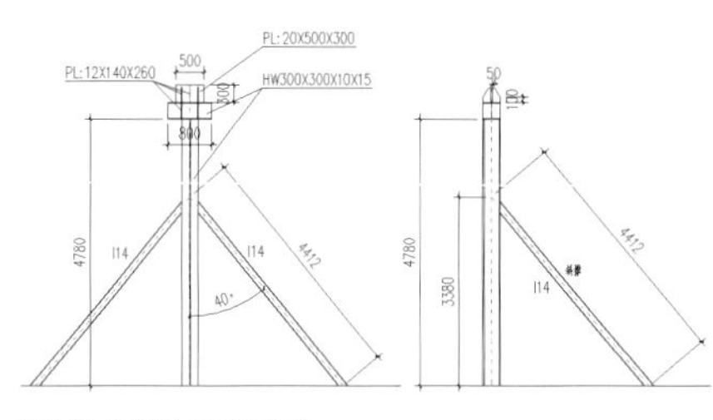

2轴线支撑胎架设置图

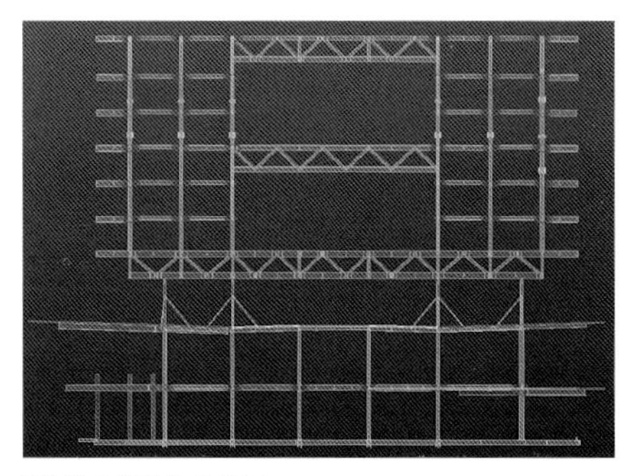

2轴线支撑胎架立面图

三、钢结构吊装工艺流程

根据本项目施工结构特点，钢结构施工以主楼为主，站房及发车平台穿插进行，为此施工工艺流程主要围绕主楼进行，主楼施工工艺流程如下：

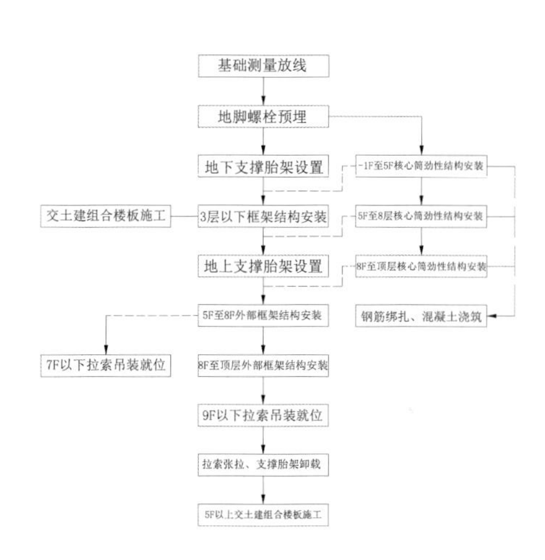

（一）拉索部分

本工程拉索的索体为1670级高尔凡（Galfan）索，表面采用锌—5%—铝混合稀土合金镀层。一端可调，张拉端和固定端锚具为热铸锚，连接件为叉耳式。拉索材料、规格及大样图如下：

1. 塔吊安装法

能够满足塔吊工作性能的钢拉索（共有16根）采用塔吊安装，安装示意图如下：

第一步：利用塔吊将钢拉索固定端吊起，使用卷扬机牵引张拉端从上至下穿过相应的穿越节点；

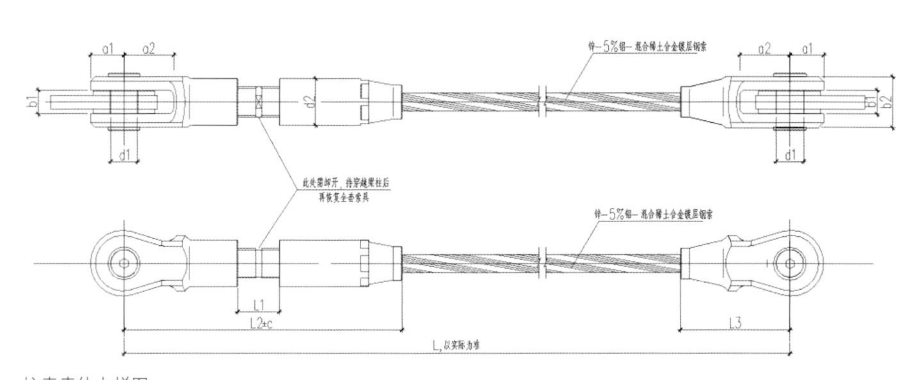

拉索索体大样图

拉索材料和规格表

拉索	类型	索体				索头		
		级别/MPa	拉索编号	规格	索体防护	锚具（固定端）	连接件（固定端）	调节装置
CABLE	高尔凡钢绞线索	1670	GLS-1	ϕ136	高尔凡镀层	热铸锚	叉耳式	螺杆
			GLS-2	ϕ110				
			GLS-2A					
			GLS-3	ϕ68				

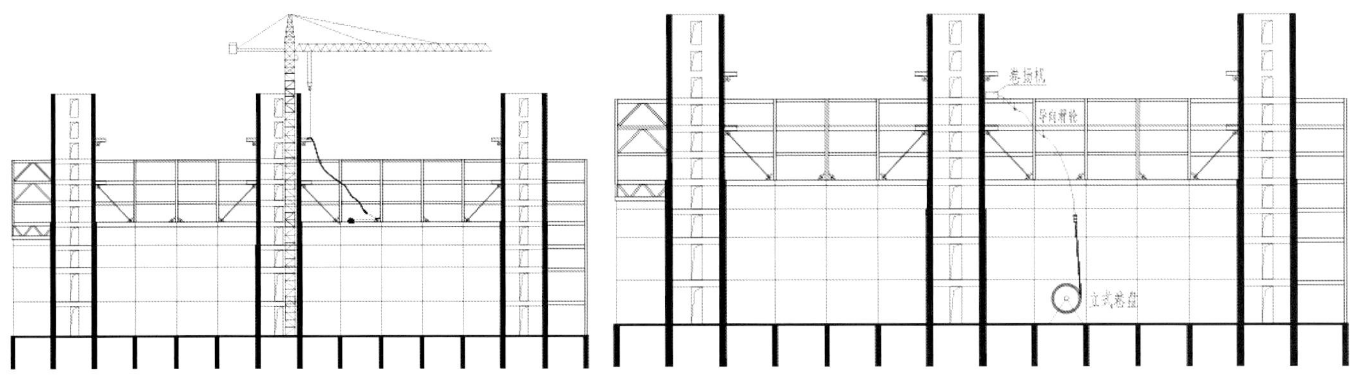

钢拉索塔吊安装示意图　　可拆卸固定端示意图

第二步：索体穿过所有穿越节点后，张拉端恢复全套索具；

第三步：将拉索两端安装在耳板上；

第四步：待所有钢拉索和普通钢结构施工完毕后，检查各节点和连接强度满足要求后，在钢拉索下端进行张拉。

2. 卷扬机安装法

对于不满足塔吊安装性能的钢拉索，采用卷扬机安装方法：即使用卷扬机牵引，将钢拉索上端（张拉的固定端）作为牵引端，索体由下向上穿过节点。该方法中为了使索体可以通过穿越节点，将拉索固定端制作成可拆卸构造，详见下图：

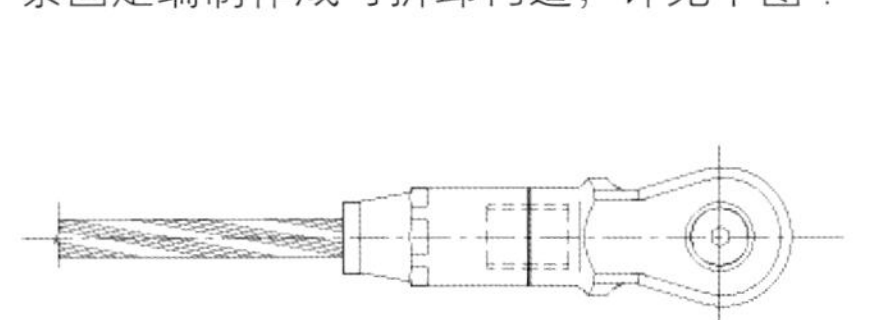

可拆卸固定端

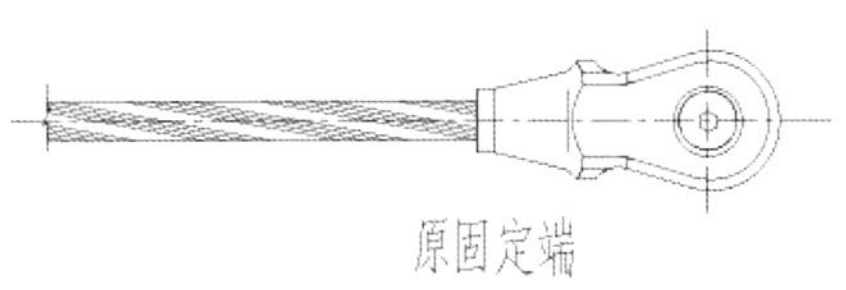

原固定端

可拆卸固定端示意图

卷扬机牵引配合立式卷盘以及导向滑轮一起将索体由下至上牵引至安装位置，详见下图：

第一步：利用卷扬机将钢拉索固定端吊起，使索体从下至上通过相应的穿越节点；

第二步：索体穿过所有穿越节点后，安装张拉端和固定端的叉耳连接件；

第三步：将拉索两端安装在耳板上；

第四步：待所有钢拉索和普通钢结构施工完毕后，检查各节点和连接强度满足要求后，在钢拉索下端进行张拉。

拉索张拉由第三方专业机构进行。此结构主要是能实现大跨度，跨度在40m，不使用大截面梁，增加空间利用，会在将来工程中多处使用。

本工程结构目前在国内使用的还不多，它采用类似于桥梁的设计方法，主要增加大跨度空间，减小梁的截面，但在施工过程中对核心筒的质量及设计强度要求较高，在张拉过程也比较复杂，对张拉方案要进行专家论证，要有模拟变形数据与张拉过程监测数据相对照，有专业的张拉及监测单位，张拉完成后将临时支撑拆除，再进行楼板及二次结构施工，变形稳定后进行装饰施工。

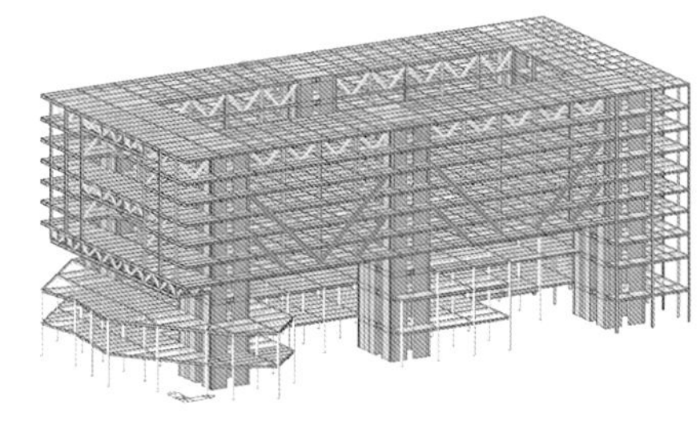

吊索布置

拉索实例

油气长输管道施工监理的质量控制

中油朗威工程项目管理有限公司大湘西天然气管道支干线项目（花垣—张家界段）监理部

摘　要：对长输管道焊接和无损检测的质量控制是长输管道工程质量控制中不可分割的关键工序，是做好长输管道质量监理控制的重中之重，也是监理单位体现质量控制水平的着重点。

关键词　油气长输管道　监理　质量控制　着重点

随着我国工业的不断发展，对能源的需求逐渐加大，为了加强对能源的有效应用，加强对管道工程的建设，长输管道的施工监理过程中必须保证焊接质量。使焊接全过程以及无损检测处于受控状态，才能真正有效保证长输管道的焊接质量及运行安全。

一、管道焊接监理质量控制

（一）对施工人员的控制管理

在任何施工质量控制过程中“人”是第一要素，在焊接质量控制中也同样如此。焊工是焊接施工的关键一环，焊工水平的高低直接影响到焊缝的质量。监理应该对所有参与施工的焊工检查是否经过培训考核取得相应资格，焊工所施焊的方法是否与所持有的资格项目（包括焊接方法、管材类型、管径、壁厚、焊接材料、焊接方法及位置等）一致，不能出现没有资格的焊工施焊的情况。焊工的资格还应遵守有关规程中关于焊工资格有效期的规定，对于超过资格有效期的焊工不允许施焊。

（二）对焊前准备和防护措施的控制管理

监理在焊接人员施工前要认真检查待焊表面的铁锈、油脂、油漆等杂质是否清除，坡口两侧规定范围内的管内外表面是否露出金属光泽。坡口角度要符合焊接工艺规程，对焊材型号和规格进行核对。检测焊接环境的温度、湿度、风速等因素是否符合相关规定，若满足不了要求，不得允许施工单位进行施焊。

（三）焊接过程的监理

长输压力管道的焊接方法主要有上向焊、下向焊、手工半自动焊、气体保护焊、全自动焊等。在我国长输管道建设中最常用的是下向焊和手工半自动焊，其焊接速度及综合效益相对较高，可靠性强，在内对口器等机械设备的配合下，可实现流水作业。其关键环节是对口和根焊。对口的重要性在于能提高管道焊接的工作效率及提前预防焊接缺陷的产生。根据焊接工艺规程规定，管道组对要求，熟练的管工能够在短时间内借助外对口器或者内对口器达到管道组对要求的对口间隙，错边量在规范范围内。对口间隙将直接影响根焊层的焊接质量，当对口间隙过小或无间隙时，极易产生未焊透；间隙过大时，又容易产生未熔合。

管线焊接工艺包括根焊、热焊、填充、盖面四道焊接工序。目前根焊、热焊、填充、盖面都有成熟的自动焊接工艺，根焊是管道焊接的关键，根焊的速度和质量直接影响到管口的焊接速度和质量，大部分的焊接缺陷产生在根焊焊道，并且其焊接难度最大，在旁站监理中，监理人员需要注意根焊前的预热，保证预热温度达到焊接工艺规程要求范围，根焊完成后，热焊层焊工的清渣一定要到位，否则极易出现夹渣缺陷，盖面焊接完成以后，现场监理对焊缝的外观质量进行复检，主要检查焊缝宽度、焊缝余高及焊缝表面是否存在缺陷。常见的问题是焊道的六点位的焊缝余高超高，若焊缝余高超高长度超过规范要求，应立即要求施工方对余高超高进行打磨处理，打磨处理过程中不得伤及母材，整个焊接过程作好监理记录。

（四）焊缝返修

焊缝返修对于监理来说也是非常重要的工序，当检测单位出具返修通知单后，现场监理需要与施工单位的返修人员对焊口的返修位置进行确认，以免出现返修不到位的情况并及时做好监理记录。

二、无损检测监理质量控制

（一）对无损检测的事前控制

首先，对无损单位的施工组织设计、检测工艺方案以及施工质量保证措施等文件进行审查，在审查其施工组织设计时，要重点审查其组织体系特别是质量体系是否健全，岗位职责是否明确，总体部署是否合理，对于特殊情况的检测有无针对性技术措施，有效性如何。

其次，要严格审查检测单位、检测人员的资质（包括企业资质、组织机构代码、人员资质、检测人员资格证的有效性等），评审其管理水平和技术资质是否能够满足相应工程检测施工的要求，同时，要确定其评片人员和检测人员的数量是否满足施工要求。检测单位投入的检测设备情况对检测服务质量有着重要影响，因此，核查检测单位现场投入检测设备情况成了监理核查检测施工准备情况的必然环节。监理需要审查其上报的射线、超声波等检测设备和辅助设备的选型是否恰当，能否满足检测施工的质量要求，是否适合相关工程检测的施工特点和现场条件，同时，要进一步核实现场设备与上报情况是否一致，设备是否处于完好的状态，坚决杜绝不符合要求或不能保证良好使用状态的设备投入施工。

（二）对无损检测的事中控制

首先，应定期和不定期的核查其管理体系，特别是质量体系的运行情况，检测工艺的执行情况，以及出现问题时各种保障措施是否发挥作用。

其次，在检测监控过程中，要对管理者的素质及管理水平，质量负责人、评判人员和检测人员的理论及技术水平进行定期和不定期的考核。

第三，监理应经常检查其设备相关管理制度的落实情况，并随时抽查检测设备的使用、维护、保养情况，确保监测设备处于完好的可用状态。

第四，监理需要经常检查其作业环境的好坏及其保障措施的运行效果，确保检测工作处于良好的作业环境中。

（三）对无损检测的事后控制

首先，要检查射线检测底片的灵敏度、黑度、各种标记、背散射、伪缺陷情况是否达到标准规范要求。

其次，对于检测报告，要检查其报告格式是否符合标准规范要求，项目填写是否齐全准确，缺陷标定与评级是否一致，签发人、审核人资质是否满足要求。

第三，要结合检测报告和底片进行检查，检查底片和报告是否一一对应，底片的评定是否符合标准规范以及相关工程设计文件要求，底片评定、缺陷定位、定量是否准确，检测报告的填写是否准确、清晰。

结论

对长输管道焊接和无损检测的质量控制是长输管道工程质量控制中不可分割的关键工序。做好焊接及无损检测两方面的监理工作是做好长输管道质量监理控制的重中之重，也是监理单位体现质量控制水平的着重点。

浅谈地铁盾构法施工中监理工作的安全与质量控制

黄志新
湖南省湘咨工程项目管理有限公司

摘　要：对监理如何做好城市地铁盾构区间的安全与质量控制作了简要的论述。

关键词　地铁盾构　监理工作　安全质量把控

盾构监理工程师是由总监理工程师选拔、任命具有丰富盾构经验、专业知识牢固、责任心强的工程师担任。现代盾构机已演变成为一种高度智能化，集机、电、液、光、计算机等技术为一体的新设备，要求盾构监理工程师不断地学习，积累新的知识，与时俱进，不仅要懂专业，还要具备一定的组织、协调和独立工作的能力。现场监理工作的得失在于“管理 、程序、技术、资料”。

盾构机的作业区

首先，应认真做好现场监理工作。譬如监理现场管理标准化、监理机构配备标准化，应按照监理投标承诺，配备具有相应职业资格、年龄结构老中青搭配合理、专业配套、素质较高的监理人员，满足现场施工监理的需要。配备满足轨道交通标准化的办公、生活设施，检验检测设备及交通工具，专业的安排，为监理工作的开展，提供了有力的组织保障；再如管理制度标准化，建立和健全项目监理管理制度，明确各职能部门和监理组的职责及工作标准，结合建设项目特点制定的监理管理规范性文件，组织结构清晰、职责分明、内容全面，着重体现质量、安全、工期、投资、环保和技术创新的管理要求，做到实施有规范、操作有程序、过程有控制、结果有考核。

其次，要做好施工准备阶段的预控工作：如学习和掌握相关法律法规、监理规范、委托监理合同、工程承包合同、设计文件、有关技术标准和检验检测方法，明确监理的权利、义务及目标、要求；审阅、核对施工图纸，参加由建设单位组织的设计技术交底会。在总监理工程师的指导下认真编写“监理规划”“监理实施细则”，明确工程监理的关键部位，编制分项工程、关键部位监理旁站规划及实施细则，抓住安全和质量控制的关键点。

要认真审查承包单位现场项目管理机构的安全管理体系、质量管理体系、技术管理体系和安全质量保证体系，核对进场管理人员与投标书的相符性；认真审查承包单位报审的施工组织设计、施工方案、分包单位资格报审表和分包单位有关资质资料、测量放线控制成果及保护措施、开工报告、年度施工计划、主要进场人员报审表、拟进场工程材料、构配件和盾构机设备的报审表，符合要求时予以签认。

对于危险性较大施工环节，监理应督促施工单位及时编写施工专项方案，组织专家论证评审。如“区间盾构机选型方案”“盾构机吊装、吊拆专项施工方案”“区间盾构机始发专项施工方案”“区间盾构机接收专项施工方案”“区间带压开仓更换刀具专项施工方案”“区间穿越特殊地段专项施工方案”“区间联络通道专项施工方案”等。

再次，做好安全质量过程控制，及时解决现场问题：现场监理人员必须忠于职守，保证施工过程中安全和质量受控，严格按照“严格监理、优质服务、科学公正、廉洁自律”的监理原则，牢固树立“安全第一、质量为本”的安全质量意识，坚持严抓安全关，坚持严把质量关。现场监理要做到“五勤”：眼勤、手勤、腿勤、口勤、脑勤。当掘进环数完成100环以后，监理应组织各参建单位进行联合验收。汇总和分析100环以来，掘进的各项参数变化，以及盾构姿态参数的变化，每环出土量的变化，总结出各项参数的变化界限，以此对后期的掘进参数加以控制，想方设法保证工程安全与质量。

监理工程师要组织监理人员对施工现场定时或不定时地进行巡视和检测，全面掌握工程现场的动态。巡视前，应做好相应的准备和计划。提前准备好以往掘进的参数、盾构姿态参数、每环出土量，以及区间地质分布图。巡视过程中，相互比，发现异常后，立即停止盾构机掘进，分析原因，采取有力措施纠偏到位，才允许正常掘进。现场施工要保证工程质量、进度、安全文明施工、投资控制的要求。监理人员巡视和检查时，需携带常用的测量工具、拍摄器材和必要的安保用品等。巡视检查、检测的主要检查内容：是否按照设计文件、施工规范和批准的施工方案施工；使用的材料、构配件和设备是否合格；施工现场管理人员，尤其是质检人员是否到岗到位；施工操作人员的技术水平、操作条件是否满足工艺操作要求、特种操作人员是否持证上岗；现场的施工环境和空气质量是否达标、已拼装好的管片是否存在质量缺陷。现场巡视、检测发现的问题，要根据问题的严重程度，采取口头或书面形式下发“监理工程师通知单”，督促施工单位相关人员进行整改处理；对于穿越特殊地段加固处理后检测结果不明的情况下，施工单位擅自盲目掘进，存在严重安全隐患的，在向建设单位报告后，及时签发“工程暂停令”，要求施工单位停工整改，避免安全、质量事故的发生，并对处理情况进行跟踪监控直至复查合格后，方能恢复掘进。同时，监理应将相关问题及处理情况在“监理日志”中作好记录。

严抓过程验收，把住工程质量关。严格按照《盾构法隧道施工与验收规范》GB 50446—2017的要求，按程序进行质量验收：盾构监理工程师负责本专业的检验批、分项、分部工程验收及相关隐蔽工程验收。检验批验收：承包单位自检合格后填写“检验批质量验收记录”，向项目监理机构报验，盾构监理工程师在规定的时限内组织承包单位专职质检人员等进行验收。检验批的质量验收应包括实物检查和资料检查两部分，验收合格后签认“检验批质量验收记录”。分项工程验收应在分项工程的所有检验批验收合格后进行。每个检验批的质量检查包括基本要求、实测项目、外观鉴定、质保资料等4个部分，只有当这4个部分的检查都完成并经评分计算出质量得分后，才能得出某个分项工程是否合格的结论。施工过程的监控是安全与质量控制工作得到落实的关键环节。根据审核合格的施工图及承包合同中工程量计算规定，对承包单位申报的已完合格工程的数量进行核验，只有合同范围内且验收合格的工程才能计量计价。

成型管片质量检测（雷达扫描）

监理工作一定要做到仔细认真，尤其要重视平行检验。监理工程师不但要对材料进行“平行检验”，更要对建设工程的工序、检验批、分项工程、隐蔽工程实施“平行检验”。承包单位在自检合格的基础上，向监理机构提出报验。监理工程师应根据承包单位报送的隐蔽工程验收记录和检验批质量验收记录、分项工程质量验收记录等自检结果，利用必要的试验检测手段，按照一定的比例独立进行现场检测或试验，符合设计要求时予以签认。对于不合格的项目，及时发出“监理工程师通知单”，要求承包单位整改。在“平行检验”过程中，监理工程师应该留下具体的记录，形成系统、完整、真实的监理资料。

参考文献

[1] 陈克济．地铁工程施工技术[M]．北京：中国铁道出版社，2014．

[2] GB 50446—2017 盾构法隧道施工与验收规范[S]．北京：中国建筑工业出版社，2017．

浅谈兰州新区冷再生灰土施工质量监理控制要点

李晓明
甘肃工程建设监理有限公司

一、冷再生灰土施工特点

冷再生路基灰土换填层的性能与水泥石灰类稳定基层极为相似，都具有良好的力学性能、板体性、稳定性和抗冻性，而且初期强度较好，但灰土含水率大于最佳值时，由于其收缩系数较大，容易产生裂缝从而影响路面基层使用质量，因此对冷再生路基灰土施工质量控制显得尤为重要。

（一）工艺优点：1）能有效控制灰土处理路基的最佳含水量；2）能将白灰与黄土充分搅拌，使白灰在黄土中的含量均匀；3）施工周期较短，灰土中的水分散失少；4）灰土压实度 100% 可控，冷再生机施工灰土含水始终等于或接近于最佳含水量，因此压实度极易达到；5）节约碾压费用（至少 30%），22t 压路机碾振动 3 遍，全断面任何碾压部位即可达到 96% 以上的压实度；6）施工成本低于传统路拌法；7）施工高环保，称之为“绿色”施工工艺。

（二）工艺缺点：1）冷再生工艺未形成统一、标准的施工工法，技术没有一个国家级别的规范；2）就地冷再生施工质量控制和质量保证不如集中厂拌再生可靠。

二、施工质量监理控制要点

（一）施工准备阶段的监理工作

核查施工技术管理人员和施工机械设备的配置、投入数量，要满足工期要求，施工材料要满足施工技术指标要求，以确保工期和质量。

1. 施工机械配置要求

WBZ300 冷再生机一台；PY180 平地机一台；20t 胶轮压路机两台；50 装载机两台；洒水车两辆；载重量 15t 以上的自卸汽车宜配备不少于 5 辆。

2. 施工材料要求

1）石灰：石灰质量需满足 Ⅲ 级以上生石灰技术指标，其活性氧化物（MgO+CaO）含量不得低于规范要求；生石灰进场后须对石灰进行技术指标检测，符合规范要求方可使用；使用时提前 2~3 天进行消解，对未能消解的石灰进行过筛处理，消解石灰的粒径不得大于 10mm。

2）土：挖方段原土，土中不得含有树根、杂草等杂物，土工试验各项指标必须合格。

3）水：采用一般饮用水或不含油质、杂质的干净水均可，PH 值≤ 7.0。

（二）施工阶段质量控制的监理工作

1. 冷再生施工工艺流程

施工放样→准备下承层（路堤）→运输摊铺粉土→洒水→摊铺石灰→冷再生机加水拌和→平地机整平→检测→碾压→接缝和掉头处理→养生。

2. 测量放样

在已经过冲击碾压合格后的路基上每 20m 设桩，进行水准测量，在每个断面上测量中桩及两边线 2 个点，用以控制高程；按照一般路基填筑工艺边线定桩测量，并按照计算好的面积撒灰线方格，确保路基填筑的厚度。

3. 准备下承层

用冲击压实机在 12km/h 行驶速度下进行冲击碾压并用 22t 压路机碾压，平地机和人工配合下至下承层（路堤）各项技术指标符合设计及规范相关要求。

4. 备料

1）土：使用 K0+540~K0+680 处路基挖方原土，采用挖掘机配合自卸车运输，车辆在路基上行驶时，分布要均匀，保证装车卸车均匀有规律，没有停滞误工现象。按确定好的数量运到事先用白灰打成的方格网内，后用装载机推平，平地机进一步整平。

2）石灰：石灰采用现场消解生石灰，施工使用前 2~3 天完成消解，消解好的石灰经过筛处理，粒径不得大于10mm，方可自卸车运输到施工段落。

5. 摊铺

1）摊铺土：施工前对下承层（路堤）洒水车洒水保持润湿，确保路堤与灰土换填层路床的粘结性。用自卸汽车将土运往施工现场，根据每层松铺厚度确定单位面积上的卸土数量，松铺系数为1.25，虚铺厚度为25cm，压实厚度为20cm，具体为：每车按照25m^{3}计算并进行装土，每车数量应计量一致，根据每车土数量划定面积，均匀卸土。用石灰划出每车土的摊铺面积方格网7m×12m，自卸汽车按照方格网面积卸车，每格一车。

2）摊铺石灰：用自卸汽车将石灰运往施工现场，根据石灰体积进行摊铺，具体为：自卸车每车为28m^{3}计算，每车计算一致，根据每车划定面积，均匀摊灰。用石灰划出每车的摊铺面积方格22m×27.6m，自卸车每车按照方格每格一铲。

6. 冷再生拌和

石灰摊铺完成后，便可进行土料和石灰的拌和，拌和采用路拌法，用冷再生机进行拌合，拌和遍数为一遍，拌和时深入下承层5~10mm，以利于上下层粘结，确保拌和层底部无夹层和不均的死角。拌和速度控制在5~6m/min。冷再生机在拌和过程中推动洒水车在前行驶，通过冷再生机本身智能流量系统控制拌和料含水量。拌和完后，保证色泽一致，翻拌均匀，无灰条、灰团和花面现象。全断面拌合完成后检测拌合深度、均匀性、混合料含水量、灰剂量等，如有一项不合格，重新进行拌和。

7. 整修

测量人员迅速恢复高程控制点。平地机开始整形，必要时，再返回刮一遍。用光轮压路机快速碾压一遍，以发现潜在不平整，对不平整处，将表面5cm耙松、补料，进行第一次找平。重复上述步骤，再次整形、碾压、找平，局部可人工找平。每次整平中，都要按规定的坡度和路拱进行，特别注意接缝要适顺平整，测量人员要对每个断面逐个检测，确定断面高程是否准确，对局部低于设计标高之处，不能采用贴补，掌握“宁高勿低、宁刮勿补”的原则，并使纵向线型平滑一致。整形过程中禁止任何车辆通行。每次整形都应达到规定的坡度和路拱，并应特别注意接缝必须顺适平整。

8. 碾压

1）刮平整型完成后及时进行碾压，首先使用振动压路机静压两遍，碾压速度控制在1.5km/h，再使用振动压路机振动压实，头两遍碾压速度控制在1.5~1.7km/h，后几遍控制在2~2.5km/h，横向错轮0.4~0.5m，直至压实度达到设计规定的93%，（其间每强振一遍检测一次压实度，确定碾压遍数与压实度间的关系曲线）。

2）碾压顺序按照先外侧后中间，纵向进退进行，同时压路机主轮在前，错轮位置选在碾压段外，禁止快速起动、急刹车和调头。

3）碾压过程中，路基表面始终保持应有的湿度，缺水应及时少量、均匀洒水。碾压原则是先静压后振动，先弱振后强振，最后静压。

4）严格按照设计及规范各项指标符合要求所配备的压实设备和碾压工艺进行碾压，碾压前，随时抽检其含水量是否达到最佳，过湿、过干碾压都不易压实。碾压时遵循“先轻后重，先慢后快，由低到高”的原则，并在全摊铺宽度进行碾压，边部适当增加碾压1～2遍。碾压完毕，随时检查已成型路面压实度，不符合要求重新压实，直至达到规范要求为止。

9. 接缝处理

两工作段搭接部分，采用对接形式，一段碾压结束后，留末端5m不碾压，第二天施工时，将前一段留下未压部分一起拌和碾压。保证施工接茬处要表面平整稳定、密实、无坑洼。

10. 质量检验

应按照《城镇道路工程施工与质量验收规范》CJJ 1—2008规定要求，特别注意碾压完成后进行压实度检测（同时检测灰剂量），检测采用灌沙法试验，经检测合格签认后，转入下一道工序。不合格时重新进行补压，直至试验合格。

11. 养生

碾压完成后及时进行压实度、高程等检测，检测完成后即进入养生期，灰土在养生期间保持一定的湿度，不应过湿，养生期不少于7天。养生采用洒水养生。养生时必须控制洒水量，不可发生泡水现象。在养护期间，除洒水车外封闭交通，养生期间禁止重车通行。

参考文献

[1] 谢永才，王振宇，孟飞．关于水泥就地冷载生路面设计及施工技术的探讨[J]. 北方交通，2007（4）.

黄登水电站大坝工程质量控制方法与成效

郭万里　杨琦　穆晓东
中国水利水电建设工程咨询西北有限公司黄登监理中心

摘　要：黄登水电站是云南澜沧江上游古水至苗尾河段水电梯级开发的第五级水电站，属Ⅰ等大（1）型工程。本文总结了西北监理在质量管理工作中开展的质量管理方法与经验等，供借鉴和参考。

关键词　大坝　质量　控制　方法

一、工程概况

黄登水电站位于云南省兰坪县境内，枢纽建筑物由碾压混凝土重力坝、坝身泄洪表孔、左右岸泄洪放空底孔、左岸折线坝坝身进水口、左岸地下引水发电系统等组成，装机容量1900MW。碾压混凝土重力坝坝顶高程1625m，建基面最低高程1422m，最大坝高203m，大坝分为20个坝段，为目前世界在建最高的碾压混凝土重力坝。

二、拌和系统质量控制与管理

（一）建立拌和系统运行审批制度

原材料及半成品质量是混凝土质量控制的首要环节，也是做好大坝混凝土施工质量的前提和保障。黄登水电站布置有甸尾和梅冲河两座拌和系统，预冷混凝土设计生产能力900m^3/h。拌和系统需在满足一定条件下才能开始拌制混凝土，如骨料砸石温度指标、各种原材料品质、设备工况、人员配置等，为更好地做好拌和系统的运行管理，西北监理制定了拌和系统运行审批制度，将规范、固化的系统开楼准备程序以清单形式做成标准化审批表格，监理工程师对照清单逐项检查进行打勾确认，待所有准备工作检查无误后审批"混凝土拌和许可证"。拌和楼运行审批的具体流程为：开仓申请单→混凝土用料单→原材料品质检测单→骨料砸石温度检测单→混凝土配料单→设备运行工况及人员配置检查单→混凝土拌和许可证。为避免因检查检测流程对施工环节造成影响，制度中对关键审批环节的时间进行了严格规定：如混凝土用料单必须提前4小时申请试验监理工程师审批，制冷系统需提前3小时开启，在此期间同步检查称量设备、原材料品质、储备情况等是否满足生产需求，以保证大坝混凝土施工各环节配合衔接顺畅。

（二）混凝土拌合质量预警机制

连续高强度的生产是碾压混凝土施工的特点之一。黄登大坝仓面一般按6000～8000m^{2}进行规划分区，单仓升层高度6m，采用平层法浇筑，碾压混凝土平均入仓强度达400～500m^3/h。在连续高强度的混凝土生产条件下，一旦出现质量问题往往处理难度极大，因此必须要保证拌和物稳定的质量控制水平。对混凝土出机口温度规定按每小时不少于3次的频次进行监控，如发现1小时内连续3次测得混凝土出机口温度接近温度控制值时，应立即要求系统运行人员进行检查调整。对出机口混凝土的坍落度、VC 值及含气量每 2 小时检测 1 次，发现检测指标存在较大波动时立即加密检测，如有任何一项指标超出质控区间范围的一律按废料处理。

三、大坝混凝土质量控制与管理

（一）工艺首建制

工艺首建制是指重要或特殊工程（项目）必须通过生产性工艺试验过程所形成的首建工程（项目），通过对首建工程（项目）各项质量指标综合总结评价，查找分析施工质量存在的不足之处，提出各施工工艺的改进措施，以指导后续施工，预防后续施工可能存在的各类施工质量问题，提高工程质量为目的。

黄登大坝碾压混凝土施工工艺过程管理以“工艺首建制”管理理念为核心，通过 PDCA 质量管理循环程序，抓好施工工艺过程各环节管理，包括工艺措施编制、工艺措施审查、工艺措施实施及监督、工艺实施效果检查和评价、总结及完善等，做到精细化管理，持续改进与提高工艺质量。对于仓面钢筋、模板、止水等工序验收、混凝土碾压运输、卸料、平仓、碾压等严格执行“工艺首建制”，混凝土浇筑前对仓面设计进行评审→施工中全过程实施监理旁站→施工完成后进行总结→制定改进措施并贯彻执行，不断提高和固化施工工艺水平。

（二）验收清单制

大坝混凝土仓号实行清单化验收制度，即将验收项目包括技术准备、工序验收及专业会签、安全标准化及文明施工、资源及现场准备等 4 方面细化为 25 小项，并明确各细项的验收标准，形成验收清单，仓号验收时对照清单项目和标准验收合格一项消除一项，直至全部验收合格签字开仓。验收清单制的执行避免了验收项目的遗漏，验收标准的不统一，同时明确的处理意见对于加快处理进度、提高验收效率大有益处。

（三）机制变态混凝土的应用

黄登大坝变态混凝土工程量较大，全部采用人工插孔加浆的工艺存在人为因素造成的质量不稳定性，经过工艺试验，在拌和楼生产碾压混凝土时根据碾压混凝土拌制方量加入一定比例的灰浆所生产出的机制变态混凝土在混凝土物理性能指标、取芯芯样外观及混凝土压水方面均满足规范和设计要求，混凝土质量稳定性高，且经济费用未增加。因此黄登大坝全面推广应用了机制变态混凝土，机制变态混凝土施工机械化水平高，施工干扰小，可缩短层间间隔时间，从而提高层间结合质量，且机制变态混凝土性能稳定，施工过程质量风险低，有利于大坝混凝土质量控制。

（四）平层法碾压的应用

黄登大坝河谷狭窄，坝段宽度为 20 ~ 27m，但上下游方向长度最大近 170m，斜层碾压不宜适用，在综合考虑拌和系统供应能力强的情况下，采用平层碾压可保证施工质量，且有利于加快碾压混凝土施工进度。采用平层法碾压对入仓强度、浇筑资源配置、碾压分区和条带作业控制等要求很高，为保证施工质量，在大坝碾压混凝土浇筑前，结合仓面面积和理论入仓强度对仓面设计进行评审，评审内容包括入仓方案、碾压分区划分、条带作业宽度、资源配置等，实施过程中严格执行仓面设计，做到分区施工井然有序，条带作业清晰、设备作业流畅。施工过程中，监理全过程进行旁站，并结合数字黄登系统对混凝土坯层铺料厚度、碾压遍数和轨迹、层间间隔时间等指标的全面监控。黄登大坝碾压混凝土全部采用平层碾压施工，最大浇筑仓面面积近 8800m^2，层间覆盖时间未超过 6 小时，层间结合质量良好。

（五）数字黄登系统在大坝混凝土的应用

工程信息管理系统实现了对大坝各仓号单元工程工序验收、信息录入采集、查询等，首次在水电工程上实行全面无纸化办公、流程化管理和大坝数字信息化，是水电工程建设管理当中的一大重大突破；混凝土施工工艺监控系统实现了对混凝土坯层铺料厚度、碾压遍数和轨迹、层间间隔时间等指标的全面监控；混凝土温度控制系统实现了对混凝土通水冷却的流量、水温、降温速率、通水时间等自动化监控；数字黄登系统涵盖了黄登大坝工程质量工艺控制的整个过程，在施工质量控制当中发挥重大作用。

在数字黄登监控系统运行过程中，成立专职管理机构，组织召开系统运行例会或专题会，及时协调解决系统运行期间存在的问题；编制系统运行月报、季报、年报，向业主汇报现场工作开展情况、系统应用中存在的问题和其他需协调解决的问题；督促承建单位将工程的设计信息、原材料生产、施工过程及监控信息进行全面的采集，进行规范化、标准化的综合管理，最终形成一套完整的数字化工程档案，为后期的竣工验收与运营移交提供参考。

四、帷幕灌浆施工质量控制与管理

帷幕灌浆工程是重要隐蔽工程，其

“隐蔽”的特点在于对灌浆质量的评价方面具有局限性，灌浆完成后“工程实体”隐蔽于地下，施工质量不能通过直观判断，只能通过灌浆成果和检查孔的检查检验进行综合评价。因此做好帷幕灌浆工程的过程质量管控至关重要，通过对关键工序设置“质量控制点”，抓好各个环节、各个工序的施工质量，才能保证最终帷幕灌浆的防渗效果。西北监理针对黄登电站帷幕灌浆施工特点，制定了一些质量控制方法，对帷幕灌浆进行全面、系统的质量过程管理。

（一）帷幕灌浆“三准证”制度

帷幕灌浆“三准证”制度，即准钻证、准灌证、准终孔证。帷幕灌浆新开工作面具备施工条件后，经对施工布置、设备和材料、施工形象进度图、人员配置、技术交底和培训及专业会签单等检查完成后，由监理工程师签署“准钻证”。“准灌证”内容包括孔位平面布置图、钻孔参数表、段孔进度图、灌浆设备及仪器仪表情况、浆液拌制情况等资料，在每个孔段完成灌前压水试验后，监理工程师逐条检查确认后，签发“准灌证”方可进行灌浆施工。帷幕灌浆孔段接近设计终孔孔深后，对终孔前一段以及终孔段的灌前压水透水率及单耗进行确认，确认已达到设计结束标准后签发“准终孔证”。

（二）“红黄牌”考核机制

为确保黄登大坝帷幕灌浆质量全面受控，借鉴其他领域的“红色禁止、黄色警告”的通用做法，西北监理在帷幕灌浆质量管理上推行了“红黄牌”考核机制。红黄牌考核制度主要针对质量违规的警告与处罚，由监理工程师每周根据旁站质量违规事项按部位进行统计考核。考核原则如下：根据每周完成孔段，统计违反设计或规范要求事项，合格率在 90% ~ 95% 的记黄牌一张；合格率低于 90% 记红牌一张；若坝段作业面连续两周考核得红牌或连续四周考核得黄牌，对该部位将采取罚款处罚措施。

（三）“日碰头会”跟踪机制

为实现帷幕灌浆全方位、全过程质量管控，在监理现场旁站基础上，实行了“日碰头会”跟踪机制。“日碰头会”由监理主管部门负责人组织，施工单位、数字系统运行单位等管理人员参加，有选择、有目的、有针对性地进行每日巡查，对灌浆过程中的灌浆孔的灌浆压力、灌浆流量、灌浆抬动、灌浆密度及灌浆结束条件等细致检查。“日碰头会”检查既是对灌浆施工质量的检查，也是对值班监理、质检人员是否认真履职的检查，当涉及较大工程技术、质量等问题时，还邀请业主单位、设计单位参加，营造了“各负自责、齐抓共管”的质量氛围。

五、积极开展质量活动，全面提升质量管理水平

黄登水电站碾压混凝土重力坝是世界级高坝，施工技术难度大，质量要求高，在质量管控过程中，通过开展工艺控制研究、工艺标准化手册、施工工法创建、专利发明、QC 小组活动等质量活动，为施工工艺质量提升起到积极效果。

（一）积极推进施工工法创建工作

黄登电站建设过程中，西北监理积极组织开展可视化工法创建活动，达到了固化成熟施工经验，将施工工艺规范化、标准化的目的。其中《全过程数字化帷幕灌浆监测施工工法》《大中型拌合系统混凝土生产工法》《大坝闸门门槽一次性安装工法》《大坝碾压混凝土智能温控工法》等技术成果，已获得中建电协批准。全程参与创建了《全过程数字监控碾压混凝土坝可视化施工工法》，该工法以三维动画形式展现，直观可视化，按碾压混凝土施工各工序全方位细致介绍工艺特点及做法，全面展示碾压混凝土施工工艺，是碾压混凝土施工质量不断提升的基础。

（二）加强质量管理提升，积极开展 QC 质量活动

西北监理为不断提升质量管理水平，持续不断结合工作实际有的放矢开展 QC 小组活动，在质量管理过程中共计开展 QC 小组活动 17 项，成果荣获国家工程建设优秀 QC 小组一等奖一项，二等奖两项；获全国电力行业优秀成果一等奖一项；获水利行业优秀质量管理小组 QC 成果二等奖两项。各项技术成果形成，对黄登水电站碾压混凝土施工奠定了坚实基础，为指导施工、规范工艺，提升质量起到积极效果。其中“降低拌合系统二次筛分大石逊径含量”“提高碾压混凝土条带作业时间合格率”“提高砂石加工系统中石产能”“提高成品粗骨料长距离胶带机运输合格率”“缩短河床坝段帷幕灌浆涌水孔段处理时间”“提高碾压混凝土重力坝体型质量”等 QC 小组活动成果对工程质量提升效果显著，具有一定的推广意义。

（三）落实强制性条文，实现精细化管理

为规范各施工单位在工程建设中的安全、质量行为，强化强制性条文在建设过程中的贯彻执行力度，西北监理成立强制性条文领导小组，组建强制性条文执行办公室和各专业组（质量安全组、金属结构组、工程管理组），编制强制性

条文实施细则，包含计划、宣贯、培训、执行、检查、控制等，学习强制性条文管理制度、开展培训，审定强制性条文实施方案，规范现场施工工艺控制，并将强制性条文日常检查工作贯穿于单元、分部、单位工程施工全过程。通过过程检查、整改措施和整改结果，淘汰落后施工工艺，以工艺保质量，同时开展强制性条文执行情况阶段监督、检查，将强制性条文渗透至施工的各环节，最终实现施工过程精细化管理。

（四）开展质量闭环管理，推行“样板工程”评优

为促进黄登水电站建设质量稳步提升，着力打造施工质量“亮点”，西北监理按月制定质量专项检查计划，组织开展钢筋、模板、固结灌浆、试验检测、内业资料等一系列质量专项检查，认真查找施工过程中存在的问题，并印发检查通报，明确整改要求，同时加强对整改过程的跟踪和整改结果的复查，保证质量检查不留死角，质量整改不留问题，持续提升管理人员质量意识。同时积极组织“样板工程”评优活动，每年初制定达标创优工作计划，并编制创优实施细则，细化每项工作内容，明确完成时间和要求，落实创优工作责任单和责任人，并定期召开创优推进会，对创优工作进展情况进行跟踪督促，经过申报、评选及批准，实现“样板工程”评优工作，大坝工程中共组织创建碾压混凝土、金属结构安装、帷幕灌浆各类“样板工程”7个，树立了质量标杆和示范作用。

六、质量管理成效与评价

黄登大坝混凝土施工历时37个月，碾压混凝土施工日最高浇筑量达到10150m^3，月浇筑量达20.2万立方米，现场铺料、碾压工序合格率100%，坝体混凝土压水结果均满足设计要求。经蓄水检验，大坝坝体无渗水、漏水点，帷幕灌浆幕后排水孔总渗漏量仅为9.5L/s。在黄登水电站大坝工程施工质量控制中，西北监理以完善的质量管理体系和科学系统的控制方法，以“管住过程、守住标准、热情服务、奉献精品”的管理理念，提升了工程质量管理水平，实现了大坝工程的质量目标。

浅谈碳纤维布结构加固施工质量控制

程小健
北京国金管理咨询有限公司十二事业部

随着近年建筑技术及材料的不断进步，原有建筑存在的各种弊端日益显现。国家不断颁布新的验收规范，提高结构的安全性能、使用环境的舒适性，按照节能环保、绿色文明的要求推动建筑行业的健康发展。为保证建筑结构安全，落实《中华人民共和国防震减灾办法》，对不满足要求的建筑进行加固改造。

碳纤维材料用于混凝土结构加固修补的研究始于20世纪80年代美、日等发达国家。中国的这项技术起步很晚，但随着中国经济建设和交通事业的飞速发展，一些建筑由于使用功能的改变，难以满足当前规范的要求，亟须进行维修、加固。目前常用的加固方法有很多，如加大截面、外包钢加固、粘钢加固、碳纤维加固法等。碳纤维加固修补结构技术是继加大混凝土截面、粘钢之后的又一种新型的结构加固技术。

碳纤维布加固具有以下几个优点：

1. 强度高（强度约为普通钢材的10倍），效果好。

2. 加固后能大大提高结构的耐腐蚀性及耐久性。

3. 自重轻，基本不增加结构自重及截面尺寸；柔性好，易于裁剪，适用范围广。

4. 施工简便（不需大型施工机构及周转材料），易于操作，经济性好。

5. 施工工期短，因此，碳纤维结构加固技术在混凝土结构方面已产生较大的效应。

目前国内碳纤维布材料质量良莠不齐，为保证施工质量，在项目施工招标阶段，建设单位要求碳纤维布生产厂家应为国际知名品牌，从源头上为工程质量进行严格把关。

按照正常施工程序，质量管理分为事前、事中、事后三步控制：

一、事前控制

（一）严格审核施工图纸。对施工范围进行确定，落实技术、质量要求及参照图集；

（二）选择材料厂家。按照招标文件要求，选择具有一定国际知名度的材料厂家，并对厂家进行考察确认。为杜绝假冒伪劣产品，要求厂家每一批次材料除产品合格证外，另附材料运输单，对材料使用部位、数量、出场时间、批次、合格证号等信息进行登记并加盖厂家公章或质检章；

（三）按照图纸要求及验收规范审核专项施工方案并编制监理实施细则。对碳纤维布粘贴层数、裁剪尺寸、基层处理要求、专用粘结剂使用等进行详细说明。本项目按照设计要求分为房间内楼板及公共区楼板两种加固方法，房间内加固碳纤维布按照横向2层粘贴，纵向3层粘贴，每幅宽度200mm；公共区碳纤维布加固按照横向2层，每幅宽度200mm，纵向3层，每幅宽度150mm粘贴。长度至两侧框架梁，两幅之间间距按照图纸进行布置。

二、事中控制

（一）材料进场。对材料外观进行检查，并核对运输单及合格证确认无误后，按照要求进行见证取样复试。主要复检项目有：

1. 纤维复合材料的抗拉强度标准值、弹性模量和极限伸长率。

2. 纤维织物单位面积质量或预成型板的纤维体积含量。

3. 碳纤维织物的K数。

若检验中发现该产品尚未与配套的胶粘剂进行过适配性试验，应见证取样，送独立检测机构。检查、检验和复验结果必须符合现行国家标准的规定及设计要求。

（二）在施工过程中严格进行质量检查。对基层清理进行验收。基层清理时要求全部清理至原混凝土结构，使用钢丝刷清理干净后进行验收，遇有基层不平整的部位应进行处理，凹陷处抹高强砂浆，干硬后进行打磨。存在楼板裂缝的部位邀请设计单位现场踏勘后确定施工方案，采取补强措施后进行施工。

（三）现场旁站及巡视检查。监理工程师按照要求对结构加固施工进行监理旁站，对粘接层数及粘结剂涂刷进行旁站。在巡视过程中抽查梁侧粘接位置及碳纤维布裁剪是否存在毛边，检查搭接是否符合要求。

每一道工序结束后均应按工艺要求进行检验，作好相关的验收记录，如出现质量问题，应立即返工。施工结束后的现场验收以评定碳纤维布与混凝土之间的粘结质量为主，用小锤等工具轻轻敲击碳纤维布表面，以回声来判断粘结效果，如出现空鼓等粘贴不密实现象，应采取针管注胶的方法进行补救。若粘结面积小于90%，则判定为粘结无效，需重新施工。

三、事后控制

施工完成后安全检验批划分要求，对同一检验批进行拉拔试验，实验数据满足规范及设计要求判定合格，不满足要求的部位加倍检查，结果合格仍可判定为合格；加倍检查仍不合格的要求返工。

同一检验批验收合格后，经监理工程师同意后可进行后续防火涂料等施工。

在碳纤维布粘贴完成后，由于后续电气、消防、通风等管线需在楼板上钻孔进行吊杆安装，吊杆钻孔时应尽量避开碳纤维布粘贴位置，避免对碳纤维材料的损伤。确需在碳纤维材料上钻孔施工的，应控制空洞大小，超过400mm^{2}的孔洞需采取补强措施，孔洞直径不得大于碳纤维布短边的三分之一。

在施工过程中发现问题及时与材料厂家及现场技术人员进行沟通交流，确保施工质量与过程进度有序进行。由于材料厂家生产的材料为统一尺寸100mm×500mm，现场实际粘贴尺寸多为200mm，材料损耗严重。为减少材料损耗，建设单位组织建立单位、设计单位、施工单位、材料厂家召开会议，充分考虑碳纤维布的受力方式，确认搭接方式及搭接长度，各参建单位现场确认并对施工人员进行现场交底。

由于施工时间的安排，部分碳纤维施工安排在冬施期间，材料使用说明书上未说明是否可以在零下进行使用，为保证施工质量，材料生产在车间经过大量实验，对粘结材料的使用温度进行反复验证，最后给出书面说明：粘结材料凝固时间为一小时，冬施期间气温在零度以下时对粘结材料进行加热，确保材料的流动性，粘接完成一小时内气温无明显下降或遇水浸湿，无明显冻裂或空鼓，可保证施工质量，判定为合格。

随着建筑材料及施工技术的不断创新，各种建筑使用功能的变化，为满足社会发展对原有建筑的改造也将出现新的形式，对建筑行业提出新的挑战，对现场监理人员技术水平及业务能力的要求不断提高。

浅谈模板支撑体系的监理

李生湖
山西维东建设项目管理有限公司

一、模板支撑体系的设置

（一）施工单位应当在危险性较大的分部分项工程施工前编制专项方案；建筑工程实行施工总承包的，专项方案应当由施工总承包企业组织编制。

（二）专项方案应当由施工企业技术部门组织本单位施工技术、安全、质量等部门的专业技术人员进行审核，经审核通过的，由施工企业技术负责人签字，加盖单位法人公章后报监理单位，由项目总监理工程师审核签字并加盖执业资格注册印章。

（三）超过一定规模的危险性较大的分部分项工程的专项方案，应当由施工企业组织召开专家论证会。实行施工总承包的，由施工总承包企业组织召开专家论证会。

二、支架构造

主杆以及扣件首先要满足材料要求，材料要有合格证和出场检验报告，材料运到工地还要在监理公司的见证下取样并送检验部门进行复检。立杆间距应符合专项设计和规范要求，水平杆步距应符合专项设计和规范要求，竖向、水平剪力撑或专用斜杆、水平斜杆应符合规范要求。

三、支架稳定

目前，从国内出的模板事件看，稳定问题最为突出，有条件的情况下，架体最好和周边结拼相连，如没条件要做好自身的稳定问题。当支架高宽比大于规定值时，应按照规定设置连墙体或增加架体宽度的加强措施；立杆伸出顶层水平杆中心线至支撑点的长度应符合规范要求；浇筑混凝土时应对架体基础沉降、架体变形进行监控，基础沉降、架体变形应在规定允许范围内。浇筑混凝土应对称浇筑。

四、支架基础

支架基础要进行验算，特别是支架设在楼面结构上时，应对楼面结构强度进行验算，必要时应对楼面结构采取加固措施；对于基础尤其是湿陷性地基更不能水泡，要做好排水工作，支架底部纵横扫地杆的设置应符合规范要求，支架底部应按规范要求设置垫板，垫板规格应符合规范要求。

五、施工荷载

施工荷载包括均布和集中荷载均不能超载，当浇筑混凝土时，应按施工方案进行浇筑，应对混凝土堆积高度加以控制。

六、支撑体系的消防安全

支撑体系的消防应按方案组织，模板等材料多为易燃材料，故要做好防火工作。

七、支撑体系的验收

支架搭设拆除前应进行交底，并应有交底记录。支架搭设完毕，应按规定组织验收，验收应有量化内容并经责任人签字确认。验收合格的，经项目技术负责人及项目总监工程师签字后，方可进入下一道工序。

验收的内容应包括，是否按方案进行了施工，构配件材质是否符合规范要求，杆件不得有弯曲、变形、锈蚀严重，杆件各连接点的紧固应符合规范要求，立杆连接应符合规范要求。

八、支撑体系的拆除

支撑体系拆除单位必须取得具有相应资质和安全许可证，严禁无资质从事模板支架拆除作业。支架拆除要按方案进行。支架拆除前结构的混凝土强度应达到设计要求，支架拆除前应设置警戒，并应请专人监护。

水泥发泡保温板的监理要点

李建民
山西神剑建设监理有限公司

随着建筑节能工程施工质量验收规范的实施，诸多高层建筑也应运而生，墙体节能工程也受到了越来越多的重视。根据图纸设计的不同，外墙节能材料的类型也多种多样，水泥发泡保温板也是其中的一种。笔者通过在某项目的实践，对该材料的使用略微掌握了一些要点，下面我从监理角度进行简单叙述：

一、施工方案审批把控

（一）由于外墙保温属于节能分部工程的范畴，故施工方案内容必须满足图纸设计和节能验收规范的要求。其次内容必须符合山西省住建厅下发的《发泡水泥保温板外墙外保温工程技术规程》，重点是“发泡水泥保温板与基层墙体应采用满粘法，且要求墙面必须平整，如有缺陷提前进行处理（剔凿多余的混凝土－水泥浆修补），并设置支撑拉架的方式固定，建筑物从首层开始设置托架，至少每三层设置一道；锚固件每平方米不应少于8个且每块保温板至少一个”（结合本工程的特点，保温板厚度为80mm，托架选用50×50的角钢，锚固件采用Φ10膨胀螺栓，间距<1000mm，钉体规格采用Φ8×142mm）。

（二）施工工艺要满足规范要求：安设外墙托架→保温板满粘固定→加设钉体→找补平整→粘结玻璃纤维网格布→设置分格缝→分层涂料抗裂砂浆二道→面层分层涂刷外墙涂料。

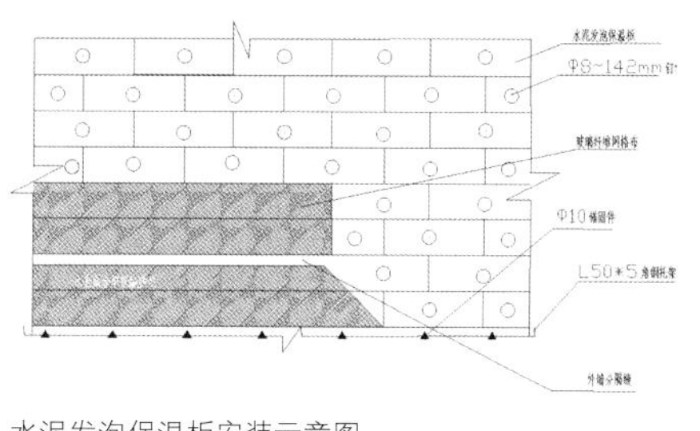

水泥发泡保温板安装示意图

二、进场材料质量把控

（一）主要材料（水泥发泡保温板）：关于该材料施工方必须提供山西省建筑节能材料备案资料和消防部门的备案资料，证实其燃烧性能必须达到设计要求；后查看材料合格证和检测报告，尤其是下列参数：密度≤200kg/m^3，抗压强度≥0.35MPa，导热系数≤0.06W/（m·K），体积吸水率≤8%；最后要按照批次将该材料（一般按照单体分次送检，方量为每500m^{3}一批）进行见证取样送检至有资质的节能试验室，当取得试验报告后允许将该材料使用到指定部位。

（二）次要材料（玻纤网、抗裂砂浆、粘结砂浆）；对该种材料首先查看合格证、检验报告，同时按照进场批次分别进行送到节能试验室复试，满足要求后即可投入使用。

（三）一般材料（角钢、钉体、锚固件、分格条）；此类材料只要提供合格证和检验报告（个别不需要），报验后就可使用。

三、现场施工质量把控

（一）事前质量：着重审查施工单位的资质，要求安全生产许可证和外墙装饰装修资质必须符合要求，同时企业资质要求年验合格。

（二）事中质量：此项为监理工作的重点，监理人员要跟踪检查保温板的粘接，要求每一块必须满粘，不能采取点粘和漏粘；严控外墙洞口的细部处理，由于局部外墙表面平整度不够，必须采用不同厚度的保温板进行调节；仔细检查外墙保温安装质量，锚固件的间距和长度必须满足要求，同时托架的间隔层数也要符合方案要求；针对保温板保证项目的检测（锚固件和保温板粘结强度现场拉拔试验）必须实行旁站监督；对于抗裂砂浆的涂刷质量采取抽查方式巡检。

（三）事后质量：就是要求施工方严格按照规范划分检验批，及时填写有关的分项分部资料。

笔者通过在该项目的监理工作实践，收到了比较理想的效果。

大剧院室内声学效果的实践

解志宏
山西卓越建设工程管理有限公司

一、主体设计、施工的结构

主体结构施工按设计院的平面图集节点图施工；幕墙与楼板、墙体缝隙封堵做法及管道穿墙封堵做法按节点图；剧场、电影厅及200人会议室、隔声门的做法严格按声学装修图纸要求，经测试不符合声学要求的，设计院设计变更，重新施工。

二、设备选型及安装

（一）冷冻机房:1.隔声措施：选用的防火门四周加密封条，声闸的顶面喷25mm无机纤维材料，墙面贴实安装56mmFC穿孔吸声结构。2.吸声措施：顶面吸声，楼板下方喷25mm无机纤维材料，墙面吸声，机房墙面安装56mmFC穿孔吸声板。3.减震措施：制冷机组用阻尼弹簧减振器进行减振；冷却及冷冻水泵双重减振；板式换热机组用阻尼弹簧减振器进行减振；设备和管道之间加软连接管；管道增设管道支架；管道穿墙部位用防火泥严格密封。

（二）屋面冷却塔机组：1.设备减振：基座与屋面间安装低频复合橡胶弹簧减振器。2.管道减振：冷却塔与水管之间安装橡胶软连接管。

（三）屋面多联式空调室外机组：1.设备减振：基座与屋面基础间安装阻尼弹簧减振器。2.管道减振：机组与水管之间安装橡胶软连接管。

（四）空调机房、风机房及通风设备：1.隔声措施：选用的防火门四周加密封条，声闸的顶面喷25mm无机纤维材料。2.吸声措施：顶面吸声，楼板下方喷涂25mm无机纤维材料，墙面吸声，墙面3m以下安装56mmFC穿孔吸声结构。3.减震措施：落地式机组采用阻尼钢弹簧减振器进行减振；组合式空气处理机采用双重减振；其他吊装式机组用阻尼钢弹簧减振器进行减振；通风机组和风管道之间加软连接管。

（五）配电房：1.隔声措施：选用的防火门四周加密封条，声闸的顶面喷25mm无机纤维材料。2.减震措施：三台10kV变压器基座与地面安装专业低频减振器，桥架或线槽用橡胶垫与支架隔开。

（六）观众厅消声静压箱：静压箱内所有的地面、墙面及顶棚满铺32k—50mm玻璃棉，外包玻纤布，整个下部空间构成一个大型消声静压箱；座椅下方采用静音送风口，确保观众厅的音效。

（七）电梯机房：1.选用符合设计要求的高品质电梯。2.电梯部件运行平稳，减少各部件的摩擦声音。3.吸声降噪：楼板下方喷涂25mm无机纤维材料，墙面吸声，墙面安装FC穿孔吸声板。4.在安装前要求厂家自主配置符合设计要求的曳引机减振器。

三、室内装饰材料的选择及施工工艺

室内装修采用GRG、MLS吸声扩散体、铝条缝吸声结构、布艺弹性吸声板等新材料，按声学设计，依施工图纸及施工工艺进行施工。观众厅吊顶采用GRG材料，GRG是玻璃纤维加强石膏板，是一种特殊装饰改良纤维石膏装饰材料，造型随意，可以抵御外部环境造成的破损、变形和开裂。GRG板是一种有大量微孔结构的板材，多孔体可以吸收或释放水分，自然调节室内湿度。具有良好的声波反射性能。同时是A级防火材料。

四、舞台机械设备

舞台机械的选用要符合设计要求的噪声值，从源头上解决了机械噪声的问题。

浅谈工程监理对工业厂房钢结构施工质量控制

蔡仕民

武汉华胜工程建设科技有限公司

摘　要： 钢结构在大跨度、高空间等工业厂房建筑上与传统混凝土框架结构相比具有较大的结构优势，钢结构工程施工质量直接影响到整个工程的结构安全。做好钢结构工程施工工序质量的控制工作，对监理人员来说尤为重要。

关键词　钢结构厂房　安装监理　质量安全控制

一、钢结构工程准备阶段监理控制要点

（一）钢结构施工单位考察

由于钢结构工程专业性较强，对专业加工生产设备、加工场地、工人素质以及企业自身的施工技术标准、质量控制及质量检验制度均要求较高，必须具备钢结构施工专业资质等要求。钢结构的制作质量是保证今后钢结构安装质量的最重要因素。如何选择钢结构施工单位对于项目能否顺利实施和保证施工质量是一个非常关键的先决条件。通过对钢结构施工单位进行实地考察，成为择优选定钢结构施工单位的重要手段。应根据工程的规模、质量、进度等要求选择有良好社会信誉、丰富施工经验和较强经济实力的钢结构施工单位，并充分结合实地考察其安装资质、企业信誉、生产能力、质量保证体系、工序质量验收、技术装备以及售后服务等综合实力水平。

（二）设计交底及图纸会审

在工程开工之前，应组织相关单位进行图纸会审，各单位需要全面了解设计意图、工程项目特点和难点，解决原图纸中的错误以及遗漏等问题，把施工图中错漏、不合理、影响使用功能之处在施工前处理到位。

（三）设计图纸深化

钢结构深化设计即钢结构详图设计，在钢结构施工图设计之后进行，设计人员根据施工图提供的构件布置、构件截面、主要节点构造及各种有关数据和技术要求及相关图纸和规范的规定，并考虑运输要求、吊装能力和安装条件，对构件的构造予以完善。最后将构件的整体形式、梁柱的布置、构件中各零件的尺寸和要求、焊接工艺要求以及零件间的连接方法等，详细地体现到图纸上，以便制造和安装人员通过图纸，能够清楚的领会设计意图和要求，便于制造和安装人员准确地制作和安装。同时结构的详图设计也是对结构施工图及其他各专业之间设计配合，最终形成最佳节点构造与最适宜操作性的完美结合。

（四）施工专项方案审核

施工单位应根据危险性较大的分部分项工程编制专项施工方案，经其公司技术负责人审批后报项目监理机构总监理工程师审核。对于超过一定规模的危险性较大分部分项工程钢结构安装工程还应组织专家论证。编制钢结构施工方案，其内容包括：计算钢结构构件和连接件数量、制定施工进度计划、提前规划进场钢构件堆场、制定施工工序流程、选择吊装机械及吊装方法、合理安排组

织劳动力、明确施工质量标准和安全保证措施等，经项目总监理工程师审核后方可实施。

（五）确定钢结构吊装顺序

钢结构进场后第一步应结合现场的地理位置和周边状况确定吊装顺序，单跨结构宜从跨端一侧向另一侧、中间向两端或两端向中间的顺序进行吊装；多跨结构宜先吊主跨、后吊副跨，当有多台起重机同时作业，也可多跨同时作业。根据确定的钢结构吊装顺序，提前组织钢结构基础施工和安排构件加工的先后顺序，吊装顺序是决定钢结构吊装进度的最重要的环节，已到场的钢结构材料应按吊装的先后顺序依次运送到吊装区域，对于大跨度钢结构的安装顺序要求较高，若未合理考虑安装顺序，已吊装到位的钢构件无法形成稳定的结构单元，则势必会影响到已吊装钢结构单元稳定的安全。

（六）钢结构施工进度控制

为确保钢结构施工总体进度计划顺利实现，总承包施工单位确定的吊装顺序制定钢结构总进度计划，将总进度计划细化到各节点计划、月进度、周进度和日进度计划，应从现场日进度计划管理，将进度计划内容传达给专业分包单位，结合施工计划编制钢结构深化设计、场内加工、钢构到场、安装计划，对各环节进度要进行跟踪管理，从而实现钢结构施工进度计划的统一管理。

二、钢结构工程施工阶段控制

（一）进场原材料及构配件控制

钢结构工程原材料及成品的控制是保证工程质量证明的关键，也是控制要点之一，审查材料及成品的品种、规格、性能等应符合国家产品标准和设计要求，应全数检查产品质量合格证明文件、中文标准及检验报告等。核查工程中使用的钢材、焊接材料、螺栓等材料的外观质量及其质量证明材料，对型钢母材、代表性的焊接试件、螺栓等按规范要求进行见证取样、送检（见下表）。

（二）地脚螺栓质量控制

首先检查建筑物的定位轴线、基础轴线和标高、地脚螺栓的规格及其紧固件是否符合设计要求，在预埋螺栓的定位测量时，轴线若依次量测，往往容易产生累计误差，故宜从中间开始往两边测量，优先按每条轴线整体组织施工。螺栓安装要形成单独的固定体系，不能与原结构固定在一起，以免后期浇筑混凝土时扰动；混凝土浇筑前必须在螺栓的螺扣上缠油布以保护螺扣，待钢结构安装时再解开。混凝土浇筑完毕后要派人检查柱顶标高，不符合要求的在混凝土初凝前整改好，在吊装第一节钢柱时，应在预埋的地脚螺栓上加设保护套，以免钢柱就准时碰坏地脚螺栓的丝牙。地脚螺栓找平后，确认基础混凝土强度达到规范要求的前提下安装钢结构柱，安装后将上方的固定垫块螺母与预埋螺栓焊接。

（三）高强螺栓质量控制

钢结构制作和安装单位分别进行高强螺栓连接摩擦面的抗滑移系数试验和复检，其结构应符合设计要求（此为强制性条文）。高强度螺栓安装方向应一致，能自由穿入螺栓孔，如不能自由穿入时，应经设计同意后方可处理，严禁使用气割工具进行扩孔，扩孔后的孔径不应超过 1.2d（d 为螺栓直径）。

高强度螺栓连接副施拧顺序，紧固顺序由中央向外拧；刚度大向约束小的方向施拧；螺栓群先主后次，由中央顺序向外。一般从接头刚度大的地方向不受拘束的自由端顺序进行，或者从栓群中心向四周扩散方向进行，这是因为连接钢板翘曲不牢时，如从两端向中间紧固，有可能使拼接板中间鼓起而不能紧贴，从而失去部分摩擦传力作用。

重点对高强度螺栓初拧、终拧进行检查，对于大型节点（单列 / 排螺栓个数超过 15 个）应分为初拧、复拧、终拧，高强度螺栓的初拧、复拧、终拧应在同一天完成拧。高强螺栓终拧后丝扣外露应为 2~3 扣，允许有 10% 的外露 1 扣或 4 扣。

（四）钢结构焊接质量控制

焊接是钢结构施工的重要环节，焊接质量好坏直接影响钢结构厂房的使用

见证取样项目	抽检数量及检验方法（《钢结构工程施工质量验收规范》GB 50205—2001）	抽检项目
钢材	4.2.1、4.2.2、4.2.3、4.2.4	抗拉强度 弯曲试验
扭剪型高强螺栓	4.4.1、4.4.3、6.3.1 B.0.2	连接副预拉力 抗滑移系数
大六角头高强螺栓	4.4.2、6.3.1 B.0.3	扭矩系数、预拉力 抗滑移系数
焊接材料	4.3.1、4.3.2、5.2.1	焊丝的熔敷金属拉伸
工艺试验	5.2.3	抗压强度试验 焊缝检测
焊缝质量	5.2.4、5.2.6、5.2.8	内部缺陷、外观缺陷、焊缝尺寸

寿命和结构安全。钢构件依据实际情况和特殊采纳不同的焊接材料与焊接方法，在焊接过程中不可避免被焊接的构件产生焊接应力和焊接变形，所以在焊接时应合理选择焊接方法、次序和预热等技术办法，尽可能把焊接变形控制到规范范围内。

钢结构工程安装施工中，钢柱支架通常采用坡口焊接，主梁与钢柱之间的连接，一般是在上下翼缘板使用坡口焊接，现场焊接一般为高空作业，焊接环境和条件都比较差，首先焊接人员必须经过专门的培训并持证上岗。检查焊接机坡口是否清理，各焊接的结构位置是否正确，焊接工艺条件是否满足。焊缝必须达到要求，对所有焊缝进行外观检查，对二级焊缝要进行 20% 超声波等无损探伤检查，一级焊缝则全部进行无损探伤检查。

（五）钢结构安装质量控制

钢结构的加工制作是安装的前提条件，强调加工制作质量“精、准、细”的控制，优先采用高科技技术、机械加工提高精度，对钢构件放样、切割、矫正、边缘加工、制孔、组装、工程焊接和焊接检验、除锈、编号等重点管控，对钢结构制作的各个工序均要严格控制。构件在运输过程应要求运输公司绑扎构件，在全长度范围内多增加支撑点，各部件之间尽可能用木料垫实，外围绑扎要牢固，以尽量减少在运输过程中因振动或重压致使构件变形。

依据汽车吊的位置和起重能力，确定构件堆放的位置，钢构件存放的场地应平整、坚实、无积水，钢构件按种类、型号、安装顺序分区堆放，构件在安装现场堆放时，应尽量减少堆放层数，一般不超过 3 层，同时要适当增加支承点，防止构件受压变形。只有在构件未变形和安装尺寸正确的前提下才能进行吊装。

钢结构安装顺序为先柱后梁再支撑体系，先吊装一个区域相邻的 4 根梁，待第一节钢柱吊装后，暂时用缆风绳稳住钢柱，对钢柱的轴线、标高复测后校正、调整以及高强螺栓的终拧，再安装柱间支撑、屋面梁和梁间系杆，使其形成一个“口”字形的稳定体系。然后以此为基础按照制定的吊装顺序依次组织施工。重点对钢结构安装垂直度、整体平面弯曲度、中心线、轴线等进行测量，对顶紧接触面应有 70% 以上面积紧贴，用 0.3mm 塞尺检查，边缘最大间隙不得大于 0.8mm。

（六）吊装安全控制措施

吊装前应审查施工单位编制的专项方案，重点审查吊装选型、钢构件重量、吊装站位、吊装半径、吊装索具等安全技术重点和保证安全的措施，根据构件的形状、长度、重量、吊机的起重性能等进行计算，验证合格后方可开始吊装。吊装作业人员必须持证上岗，有熟练的钢结构安装经验，起重人员持有特种人员上岗证，起重司机应了解钢结构安装程序、安装方法。

由于钢结构多为高空作业，作业人员在钢结构梁上行走或操作风险很高，在吊装前钢梁上应设置生命线，生命线沿建筑物的四周和梁的位置设置一圈形成整体，使用前生命线需进行冲击试验。

钢梁在吊装前应仔细计算钢梁的重心，并在构件上作出明确的标注，吊装时吊点的选择应保证与构件的中心线统一，吊装可采用专业吊耳或钢丝绳绑扎吊装，大型构件采用吊耳时应进行性能计算，采用钢丝绳绑扎时应做好保护措施。在吊装过程中，应借助多个吊点纵向加固的办法对屋架进行吊装。由于钢结构厂房屋架跨度通常较大，为防止吊装过程中钢构造不稳定，应在屋架两端各自系两根缆风绳，对其进行调整。在钢结构厂房安装过程中，每日吊装作业各个独立的排架应尽快形成稳定结构。

参考文献

[1] GB 50205—2001 钢结构施工质量验收规范 [S]. 北京：中国计划出版社，2002.
[2] JGJ 82—2011 钢结构高强度螺栓连接技术规程 [S]. 北京：中国建筑工业出版社，2011.
[3] JGJ 276—2012 建筑施工起重吊装安全技术规范 [S]. 北京：中国建筑工业出版社，2012.
[4] 莫争．浅谈钢结构工程施工质量的控制措施 [J]. 广东建材，2009（12）.
[5] GB 50755—2012 钢结构工程施工规范 [S]. 北京：中国建筑工业出版社，2012.
[6] 谢国昂，王松涛．钢结构设计深化及详图表达 [M]. 北京：中国建筑工业出版社，2010.

全过程工程咨询企业的组织构架探索与实践

浙江五洲工程项目管理有限公司

摘　要：结合企业自身发展历程和实践经验，与广大同行交流和探讨全过程工程咨询大潮中企业组织构架设计与实践。

关键词　全过程工程咨询 企业组织构架　设计　实践

随着全过程工程咨询的市场需求迅速增大，迫切需要更多具备全过程工程咨询服务能力的企业出现。而传统企业如何转型开展全过程工程咨询业务也是近年来各类行业论坛交流的重点。此次，浙江五洲工程项目管理有限公司（以下简称五洲管理）仅从多数企业较为关心的企业组织构架设计角度，结合企业自身发展历程和组织构架探索经验，与广大同行进行交流和探讨。

一、全过程工程咨询的认识和理解

关于全过程工程咨询的定义，各文件均有描述，仅在服务范围是否包含设计等细节上存在差异，而业内普遍认同全过程工程咨询是“1+X”（或 1+N）这一形象描述。

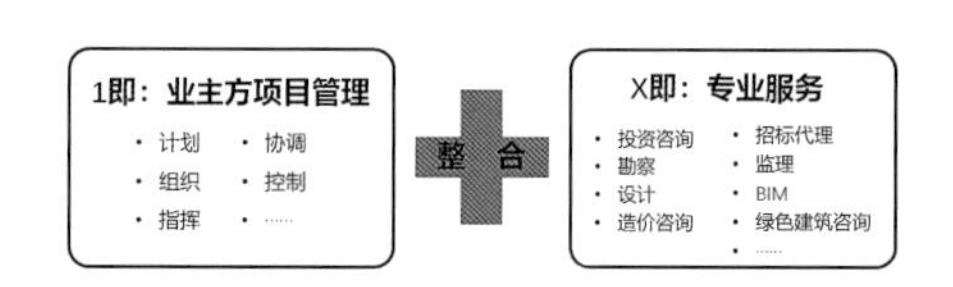

五洲管理认为，这个 1 即业主方项目管理中涉及的计划、组织、协调、控制等内容，X 即业主原本根据实际需要进行第三方采购的投资咨询、勘察设计、造价咨询、招标代理、施工监理等咨询服务类产品中的一项或多项。将 1 和 X 通过组织、标准等管理体系进行高效整合，服务项目并努力实现建设目标，就是为项目提供全过程工程咨询服务。

住建部在指导意见中指出，提供全过程工程咨询服务的企业应当具有相应的组织、管理、经济、技术和法规等咨询服务能力，同时具有良好的信誉、相应的组织机构、健全的工程咨询服务管理体系和风险控制能力。全过程工程咨询企业承担勘察、设计或监理咨询服务时，应当具有与工程规模及委托内容相适应的资质条件。

结合全过程工程咨询政策文件要求，五洲管理认为提供全过程工程咨询服务的企业应该具备以下要素或培育以下能力：

1. 全过程的业主方项目管理视野及能力；

2. 满足全过程建设需要的多专业人才；

3. 一项以上的全过程建设所需专业产品；

4. 实现多个专业产品深度融合的体系标准。

二、五洲管理全过程工程咨询的组织构架实践

五洲管理是以全过程工程咨询和工程总承包为核心产品的顾问工程公司，公司可提供设计、代建（项目管理）、监理、咨询、造价、招标、绿色建筑咨询、医院及学校建设管理、未来社区建设管理等专业服务，是国内为数不多的综合性工程项目管理品牌服务商。

企业的组织构架一定是满足企业管理需要，服务企业发展战略的产物。五

洲管理的组织构架实践，从 2003 年创业伊始，始终有着“打造国际项目管理型工程公司”的愿景，在企业发展的不同阶段，随着业务产品及企业战略的不断更新迭代，经历了一个不断演变、调整、优化、提升的过程。

五洲管理创业团队于 2003 年从传统施工转型项目管理，2005 年收购工程咨询公司，启动代建业务，2008 年收购启动监理业务，2009 年新增造价、招标代理、政府采购、绿色建筑咨询等新业务，打造出了全过程工程咨询服务的雏形。自 2011 年开始，五洲管理全面进入全资质、全产品、全专业的发展新阶段。

（一）从全到优，整体布局

2011 年，公司收购甲级设计院，实现了所有业务产品资质的最高级别，并于 2012 年开始尝试事业部制管理（设立专业公司），进一步强化设计、咨询、造价、采购等专业化能力和市场竞争力。于此同时，在生产管理平台之外，形成了以专业公司为代表的专业支撑平台。

（二）反复摸索，持续发展

如果说 2012 年以前的组织构架，是五洲管理自身发展壮大、健全产品、补充要素的过程，那么 2013 年以后，在企业产品基本成型、要素基本健全之后，五洲管理在组织构架上的实践，则更多追求从“全、优”向“更高效、更合适”进行深度的探索，中间不乏存在反复的试错。

2013~2016 年，五洲管理按照“经营、企管、生产、专业、区域”五大系统设置架构。期间，以生产系统、专业公司两大模块的职责设定调整最为频繁。根据责权轻重的不同，曾先后尝试过：强生产系统 + 强专业公司、弱生产系统 + 强专业公司、强生产后台 + 弱专业公司等不同模式，其目的在于探索“精前端，强后台”的管控模式和打破各专业横向壁垒的有效路径。

（三）二次升级，重大突破

2017 年是全过程工程咨询和工程总承包模式的启动年，在招标文件和合同层面首次出现“全过程工程咨询”字眼。全过程工程咨询因本质与项目管理、代建的高度相似性，五洲管理将新中标的全过程工程咨询项目划归项目管理部（公司）一并管理，没有在组织构架上设立一个新部门。

同年，公司实现了工程总承包（EPC）业务的重大突破，在组织构架中新增了工程总承包部。基于“设计 + 全过程工程咨询 + 施工 = 工程总承包”的定位理解，以及打造项目管理型工程公司的企业愿景，五洲管理有意将 EPC 提升为集团核心业务，凌驾于所有业务之上，与其他业务之间是统领关系，能够做好 EPC，一定也能够做好其他业务。但考虑到 EPC 业务处于起步阶段，暂时作了比横向职能部门高半级的设置，并通过任命执行总经理担任部门负责人、组织构架发文明确其职能定位等手段，保障其“高半级”的地位。

2018 年是五洲管理全过程工程咨询和工程总承包业务得到极大发展的关键年，也是企业业务格局的调整年，企业实现新增合同额超过 35 亿元，其中工程总承包约 25 亿，含全过程工程咨询在内的服务产品约 10 亿元。2P 战略成为公司长期战略，2P 业务明确为企业核心业务。（2P 即全过程工程咨询和工程总承包，公司内部一个用 PMC 代称，一个用 EPC 代称）

（四）全新站位，全新探索

截至 2019 年 9 月份，五洲管理当年新增全过程工程咨询合同比重超过 60%，成为真正第一大核心主业，这也与公司近年的战略保持高度一致。为更有效培育全过程工程咨询产品核心竞争力，提升全过程工程咨询服务综合能力，巩固先发优势，结合过去的探索经验，按照集团化发展思路，重新调整了组织构架。

1. 组织构架设计说明及特点

本次调整设立了人、财、事、经营、研发及项目管理中心六大中心和咨询、设计、监理三大专业公司，由公司高管

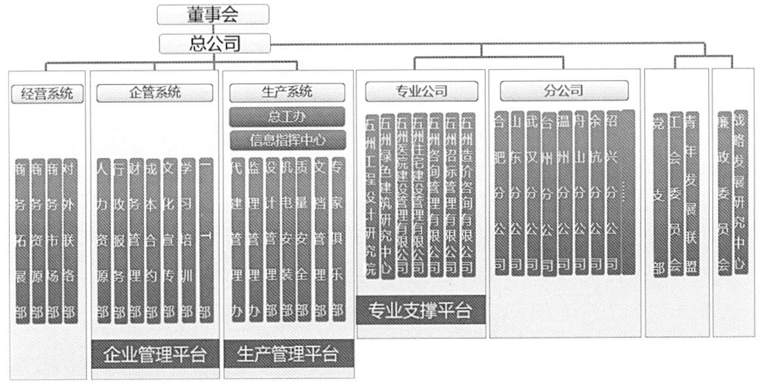

图1　2012年公司组织构架

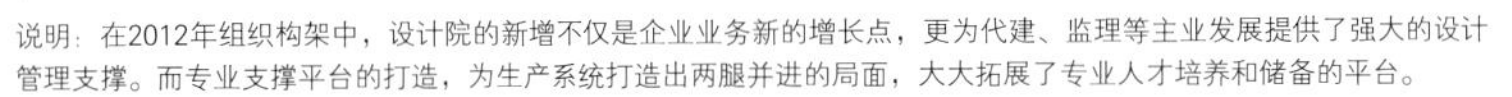

说明：在2012年组织构架中，设计院的新增不仅是企业业务新的增长点，更为代建、监理等主业发展提供了强大的设计管理支撑。而专业支撑平台的打造，为生产系统打造出两腿并进的局面，大大拓展了专业人才培养和储备的平台。

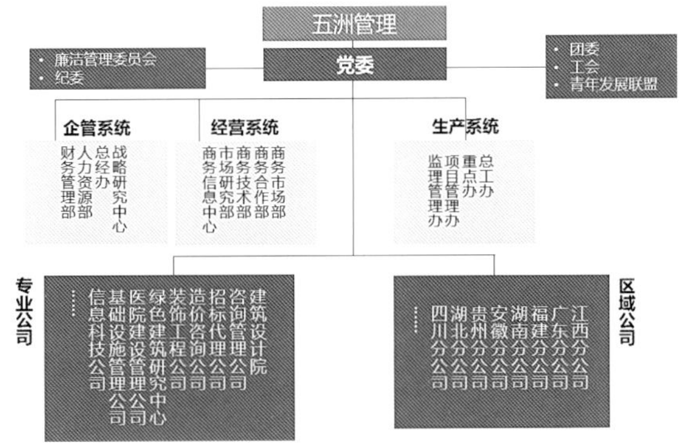

图2　2014年公司组织构架

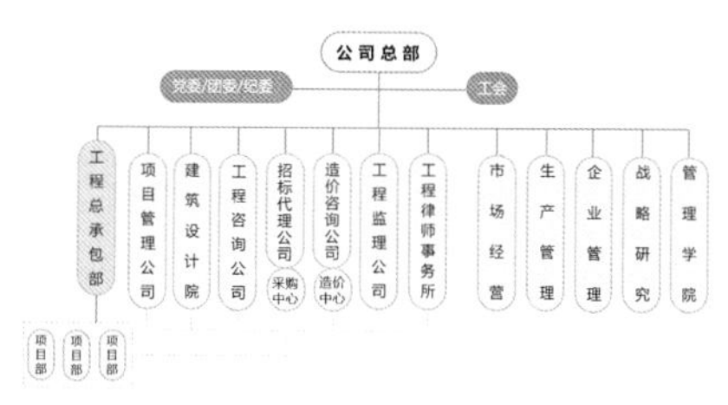

图3 2017年公司组织构架

说明：在2017年组织构架中，生产管理后台不再显示，目的是为了倾斜优秀资源、保障工程总承包部和项目管理公司的建设，作出了“将后台配置前置到专业公司”的调整。

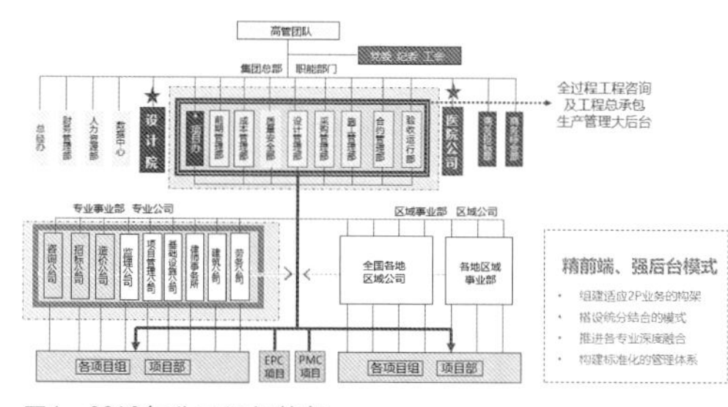

图4 2018年公司组织构架

说明：2018年组织构架的主要特征在于：

（1）组建了以项目管理办为首，包含前期管理、成本管理、质量安全、设计管理、采购管理、施工管理、合约管理、验收运行在内的生产管理大后台，作为全过程工程咨询和工程总承包业务的统筹部门和直接管理部门。

（2）通过各个专业事业部对2P业务提供专业支撑；各个区域公司对2P业务提供区域人员、公共关系等支持；各项目集群、项目部对2P业务提供经验、教训分享。实现统分结合、矩阵化的管理模式。

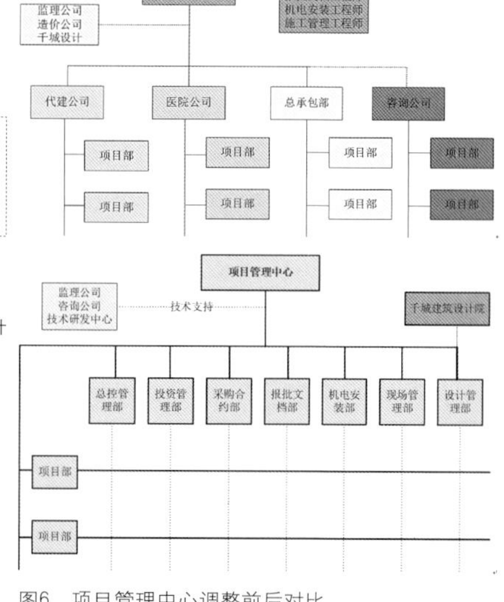

图6 项目管理中心调整前后对比

兼任一级部门总经理。其中项目管理中心为调整重点。

1）项目管理中心在公司整个组织构架中呈现扁平化，简化管理流程，能够快速响应客户和项目部的管理需求；

2）整合各专业公司，集中后台各专业资源；

3）总经理兼任项目管理中心负责人，便于调动优质资源以及跨部门的协调；

4）重视设计管理的龙头作用，强化设计院对设计管理的技术和人才支撑，形成内部设计人员转型设计管理的机制。

2. 项目管理中心

1）项目管理中心的定位

项目管理中心按照“总控管理＋专业管理”定位来组建，是整个全过程工程咨询业务的组织核心，实施贯彻“精前端，强后台”的组织模式，实现项目部与公司后台之间资源的有效整合，与项目部各岗位之间实施纵向无缝专业管理。

项目管理中心的工作内容是“后台支撑＋业务管理”。它通过标准体系、技术体系、培训体系、考核体系等的建立，成为全过程工程咨询、工程总承包业务的后台支撑；同时它又是公司层面全过程工程咨询、工程总承包业务的生产归口管理部门。

2）项目管理中心的考核

项目管理中心的考核模块主要包括：人才培养和梯队建设、管理价值创造和业主满意度评价、重大风险管控、标准与流程的建立完善、管理成果和数据库的建设。

项目管理中心人员的薪酬采用企业内部职称体系和管理岗位绩效考核相结合的方式。

3）项目管理中心的跨部门协调

（1）项目管理中心与造价公司和设计院

● 采用专业工作联系单进行内部委托，委托双方制定计价和内部结算标准。

● 造价公司、设计院负责完成各专业的咨询服务工作。

● 项目管理中心对应专业部门，项目部专业工程师负责进行委托、协调、跟踪、审查和考核。

（2）项目管理中心与工程咨询公司

● 含投资决策综合性咨询的项目，按照合同中投资决策综合性咨询的内容和费用，进行内部委托。

● 工程咨询公司派驻咨询团队进驻项目管理部，纳入项目管理部的日常统一管理。

（3）项目管理中心与区域公司

● 重点重大项目和无分公司建制区域的全过程工程咨询项目，由项目管理中心直管，中心负责团队的组建、日常管理和支撑体系建立。

● 建制齐全的区域公司，可组建区域管理小平台，实现一般项目的产供销一体化。项目管理中心协助小平台的组

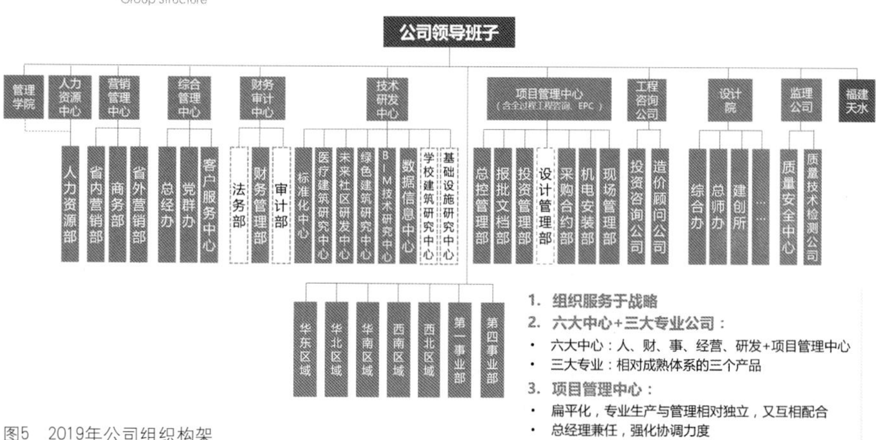

图5 2019年公司组织构架

建、标准输出、重大技术支持和重大风险管控。

三、五洲管理全过程工程咨询组织构架的配套保障

（一）标准体系建设

标准化体系建设与企业发展战略与组织架构密切相关，受到集团领导的高度重视。为此公司成立企业标准化管理委员会，负责企业标准体系建设的规划、指导、监督、考核和验收工作；委员会下设标准化工作中心，负责企业标准编制的统筹与组织协调工作。

目前标准化中心已参与中国工程建设标准化协会等单位牵头的《建设项目全过程工程咨询管理标准》《市政基础设施工程全过程工程咨询指南》《建筑工程设计管理咨询标准》《医院建设业主项目管理规范》等规范标准编制工作。

（二）科创能力提升

五洲管理坚持以创新研发作为提升全过程工程咨询业务附加值与核心竞争力的关键手段，先后成立技术研发中心、博士后工作站，承担了企业医院建设、绿色建筑、BIM 技术、大数据、未来社区等特色产品、重点培育产品的研发任务，是企业培育科技核心竞争力、实现高质量发展的重要部署。

通过科技创新资源的整合与互动，以创新研发作为提升业务附加值与核心竞争力的关键举措，打通原有技术部门之间的壁垒，实现资源的有效共享与互动，全力打造集成果固化、创新研发、技术咨询、成果转化、工程示范、推广应用与一体的科技创新产业链及成果产业化平台。

（三）人才高地打造

高薪引人：用高于行业平均水平的薪酬吸引高端人才，用更大的代价跨界吸引房开、设计行业高端人才，放水养鱼、筑巢引凤，打好新时期抢人大战；事业留人：把高端咨询优势与行业领先优势转变成吸引人才的动能，留住人才的根基；感情留人：从住房、交通、入学、就医、其他困难，打造立体网络保障网，让家庭文化、师承文化、互助文化、感情文化来留住人才；体系育人：通过内部既有人才挖掘、培养、破格使用，让大量建筑师、设计人员、工程咨询等高学历人员转型全过程工程咨询和设计管理，全面调整优化人才结构，打造五洲人才高地。

（四）党建文化引领

转型全过程工程咨询，光有组织构架的调整是不够的，还需要大量从事传统业务的人员能够积极转型，从认识上、态度上、思想上树立危机意识，从公司要求转到自己主动转。这就需要充分发挥党建思想政治工作和企业核心价值观及系列优秀文化的氛围营造、条件创造。五洲管理大力倡导文化创新理念，凭借思想上的解放、文化上的升华，引领企业在转型升级、科学发展中迈出新步伐，实现新突破。

四、全过程工程咨询组织构架的实践体会

（一）组织构架只有更适合，没有最完美

通过实践证明，任何组织构架是企业根据自身发展需要，伴随企业发展、战略调整、要素变化而不断变化的。五洲管理过去的组织构架在变化，今后也一定还会变化，目的就是满足企业战略目标，减少企业成本，提高管理效率，获得更大经济效益。作为探索总会有犯错的可能，不同的企业有不同的发展目标，因此，没有最完美的组织构架，只有更适合的组织构架。

（二）组织构架是骨骼，管理要素才是血肉

组织构架能否发挥效用，离不开企业标准体系、人才储备、管理工具等要素。标准体系和管理工具是企业提供专业服务的基础保障，健全高效的体系和科学先进的工具能够大大降低传统业务对人的依赖，不仅可以实现用更少的人实现更高效的管理成果，也能快速地培养新的管理人才。但是在全过程工程咨询企业人才出现瓶颈之时，就存在着有限的人才有限保障哪个板块业务运行的现实问题，这需要企业优化人才配置，结合战略来进行选择和权衡，同时建立良好的人才引进机制和内部人才培养提升机制，壮大公司核心专业人才队伍和中高层管理团队。

（三）组织构架要保障资源的最高效利用

在与一些同行企业的交流过程中，五洲管理也发现：强事业部制或强区域公司制运行的企业，在对资源的统筹调配的能力上与五洲管理也有较大的不同。相比较而言，五洲认为加强总公司对资源的强有力整合，更加符合全过程工程咨询业务开展的特征和实际需要。

（四）全过程工程咨询需要大家共同呵护、探索、推动

一方面需要从业企业自身有所作为，把全过程工程咨询这一国际主流的科学产品做好，切勿陷入低价竞争的恶性循环，重走监理制度的老路。另一方面，希望企业、行业、政府共同推动全过程工程咨询标准、政策、法规的持续健全，总结经验，营造出能够培育具有中国特色高端咨询服务企业的新生态。

建立项目监理管理制度

孙涛
中油朗威工程项目管理有限公司

一、委派公司驻现场项目监理部制度

公司与建设单位签订监理合同后，即根据合同的约定组建驻地项目监理部。公司签发总监理工程师和总监代表授权任命书，由总监理工程师代表公司全面开展各项工作。并于监理合同签订后10天内，书面通知建设单位该项目监理部组成及职责分工情况。

二、现场监理工作制度

（一）监理规划

依据公司“质量手册”和“建设工程监理规程”的要求，在监理合同后，由总监理工程师组织专业监理工程师编写监理规划。编写内容和方法按照公司要求进行。编写完成后，总监签字报公司总工程师审核、签字。监理规划审批后，报送建设单位。对发文进行登记。

（二）监理实施细则

“建设工程监理规程”中要求：对技术复杂、专业性强的工程项目，项目监理部应编制监理实施细则。监理实施细则有专业监理工程师编制，必要时由公司总工程师审核，总监理工程师审核签批，并报送建设单位。

监理实施细则的内容应结合公司特点、设计文件和专业技术要求，对质量控制、进度控制、安全管理、环保控制进行科学、合理、详细的安排。

（三）施工图纸会审制度

对图纸的审核有两个层次，首先对复杂工程或专业性较强的工程由公司组织专家组进行审图，熟悉施工图，全面阅读审核，并提出书面意见。其二对于一般项目，由总监理工程师及时组织各专业监理工程师对建设单位提供的成套施工图纸和补充图纸进行审核，将发现的问题以书面的形式提交建设单位。参与建设单位组织的四方（即业主、设计、施工、监理）设计交底和图纸会审。在图纸会审中提出的有关问题，由设计、业主、施工、监理单位共同研究解决，由施工单位形成书面会审纪要。

（四）监理月报制度

工程开工后，项目监理部于当月25日开始编制监理月报，收集各种施工资料，对监理工作情况进行统计，要求内容齐全、准确并符合公司要求。

监理月报由总监理工程师组织人员编写，编写后由总监理工程师签字，于下月5日前报公司和业主，并在收发文上签字。

（五）监理例会制度

监理例会由总监理工程师或总监代表主持，在无特殊情况下每周一次。

监理例会内容应按照“建设工程监理规程”的要求整理上次例会决议事项的落实情况，如未落实，必要时可写在本次例会的决议事项中。与会各方对上次例会以来工程进度、质量、造价、安全、材料设备的执行、协调管理等情况的意见，对工程中存在的问题进行分析，提出改进的措施等。本次会议已取得共识的重要决议事项，应明确执行单位和执行人及时限要求。会议结束由项目监理部编写会议纪要。

会议纪要初稿编写后，请与会各方主要人员审阅征求意见，无意见后，经总监理工程师审核签字后发送各有关方面，并作好发文记录。会议纪要最迟不得超过5天报送各单位。

（六）专题工地会议制度

总监理工程师可根据需要召开专题工地会议。

专题工地会议由总监理工程师或授权的专业监理工程师主持，合同各方与专题会有关的负责人及专业人员应参加。项目监理部应作好会议记录，并整理会议纪要。会议纪要应由与会各方代表签字，发至与会有关单位，并应有签收手续。

（七）项目监理部内部会议制度

项目监理部内部定期召开会议，会议内容包括业务学习，讨论工程上有关质量、安全、进度、造价等的问题。同时总监理工程师定期将公司召开的总监会的主要精神进行传达，会议由总监理工程师或总监代表主持。

（八）监理人员巡视及旁站制度

1. 项目监理部结合本工程各专业的特点及图纸文件，在关键部位或关键工序的施工过程中安排旁站监理，并编制旁站监理方案，报建设单位和承包单位。

2. 专业监理工程师根据工程的施工进度，进行旁站监理，旁站监理后，填写旁站监理记录表，承包单位的配合人员也应签字。旁站记录要如实写明工艺情况、质量情况、材料情况、试验情况，数据要具体真实。

3. 项目监理部队施工过程的巡视作为一个制度执行。监理工程师原则上每天上午下午分别不少于一次到现场巡视，每天的巡视情况记录在监理日志中。

4. 总监理工程师或总监代表定期（每月）检查巡视和旁站记录情况。

（九）监理日志填写制度

公司给每位员工配发专业监理人员日记本。监理人员每天要记录当天的主要活动情况，例如巡视、旁站或参加会议，对每次活动的情况都要作简要的记录，巡视过程发现的质量问题及处理等。

每个项目监理部由总监或总监代表指定专人做好监理日志的记录工作，根据各项目情况，监理日志可以各专业记录在一起或各专业分别记录。记录内容按照公司技术质量部文件要求和监理规程要求进行。由各专业记录人员或专门记录人员签字。总监理工程师或总监代表每周检查一次并签阅。

（十）监理资料管理制度

监理规程中和公司管理制度中都有监理资料的管理办法、监理档案的借阅办法与档案保存期限等。每个项目部的资料员（专职或兼职）都应按照资料管理规程的要求进行资料管理工作。总监理工程师要对资料进行不定期的检查。每年的年末或年中，在质量认证体系的内审中，对每个项目监理部的监理资料、质量记录、档案管理进行检查。

（十一）公司对项目部的考核制度

公司年中对项目进行定期抽查及年终进行考核，考核内容按照“质量手册”及公司对项目部考核办法的要求进行。考核时成立检查小组，检查小组到项目监理部对资料、档案文件、施工现场的质量体系施工现状进行检查。

项目监理部工作结束后（项目竣工验收后），项目监理部应由总监理工程师写出工作总结，对项目监理部的工作进行总的评价。

（十二）监理人员培训制度

鉴于监理工作的特性，为了提高监理人员的工作能力和业务能力，适应监理工作的需要，公司建立了一套培训制度。监理人员必须经过培训，获得监理工程师培训证书。凡进入公司的人员，包括已在其他监理公司工作过的工程技术人员，必须进行“新上岗人员培训”，介绍公司的各项管理制度，进一步了解公司的管理要求。根据需要，技术质量部每年制定培训计划，另外还会派出人员到市面上有关培训班进行培训学习。

（十三）项目监理工作中的其他制度

1. 工程洽商与设计变更审核制度

凡工程洽商与设计变更都要经业主和监理审核同意，未经监理签认的工程洽商和设计变更单，不计入已完工程量。

2. 对分包单位资质的审查制度

工程总承包单位必须预先向监理工程师申报其选择的分包单位。监理工程师应审核分包单位的资质、能力、信誉等情况，然后确定是否认可。未经监理工程师认可签认的分包单位，总承包单位不得让其进入现场施工，否则监理有权拒办付款证书，责令总承包单位停工或返工。

3. 施工组织设计和技术方案的审核制度

工程在施工前，施工单位必须编制工程施工组织设计或技术方案，并报监理工程师审核。组织设计和技术方案要针对本工程特点编写，并突出工程质量、施工进度和安全措施。总监理工程师组织监理工程师共同审核，然后由总监签认。审批后监理工程师督促施工单位贯彻实施。当组织设计或技术方案存在问题未经审核时，则严禁施工。

4. 原材料、构配件质量的认可控制

监理工程师对影响工程结构安全、使用功能和观感的材料、构配件实行质量预控，依据质量标准参与选择工作。凡未经监理工程师鉴定检验的主要材料、构配件及不合格品，施工单位在工程上均不得使用。

5. 隐蔽及分部分项工程的质量报验控制

隐蔽及分部分项工程，施工单位的质保体系必须自检合格，技术资料齐全，提前24小时通知监理工程师。监理工程师按照图纸、规范、标准和有关文件检验合格认可后方准进行下道工序施工。总监理工程师参加分部工程质量检验。施工单位应预先收集、整理工程质量检验等资料，以备审验。

6. 混凝土、砂浆试块管理审核制度

现场混凝土和砂浆配制在开盘前，其配合比必须有资质符合要求的试验室发出，施工单位填写报验单，经总监理工程师审核。商品混凝土的供应厂家必须获得本市建设工程质量监督总站的认证。混凝土及砂浆在配制时，必须按施工及验收规范要求做试块，并由专人负责管理，建立试块台账。试块组数应符合工程需要，除留置28天标养试块外，还应留置同条件养护的试块和其他需要天数（7天及14天）强度试验试块。施工应按试块的规定时间进行试压，其试压结果在3天内送监理工程师。以便监理工程师进行正常判断。

7. 实行见证取样和送检制度

对以下主要项目进行见证取样和送检：

1）用于承重结构的混凝土试块。

2）用于承重墙体的混凝土浆试块。

3）用于承重墙的砖和小型混凝土砌块。

4）用于结构工程中的主要受力钢筋及连接接头试件。

5）地下、屋面、厕浴间使用的防水材料。

6）用于结构实体检验的混凝土同条件试块。

7）重要钢结构用钢材和焊接材料。

8）高强螺栓（预拉力、扭矩系数摩擦面抗滑移系数）。

9）加固碳纤维正拉粘结强度试验。

10）民用建筑工程室内饰面采用的天然花岗岩石材、人造木板和饰面人造木板等。

11）国家规定必须实行见证取样和送检的其他试件、试块和材料。

12）其他施工合同中约定的项目。

8. 工程质量问题或事故的处理制度

发生工程质量问题或事故后，施工单位应提出处理申报，请设计单位、业主及监理单位共同研究认定，由设计单位制定技术处理方案，责成施工单位组织人员实施，监理工程师督促检查实施处理过程。由设计、施工、监理单位对处理结果作结论。

9. 暂停施工和复工的管理制度

当工程施工发生下列情况之一时，总监理工程师签发“工程暂停令”（在合同有约定或必要时，签发前应征求建设单位的意见），通知承包单位暂停施工。

1）建设单位要求且工程需要暂停施工。

2）由于出现工程质量问题，必须进行停工处理。

3）由于出现质量或安全隐患，避免造成工程质量损失或危及人身安全而需要暂停施工。

4）承包单位未经许可擅自施工，或拒绝项目监理部管理。

5）发生必须暂停施工的其他情况。

在特殊情况下可先要求暂停施工，后补暂停令。签发“工程暂停令”时，应要求承包单位保护该部分或全部工程免遭损失或损害。工程暂停是由于承包单位原因引起，当承包单位在具备复工条件时，应填写“工程复工报审表”并附有关材料（原因分析、原因消除的证据、预防措施）报项目监理部，由总监在48小时内签发审批意见；若工程暂停是由于建设单位原因引起的，当暂停原因消失，具备复工条件时，总监理工程师应要求承包单位及时填写“工程复工报审表”并予以签批，指令承包单位继续施工。

10. 施工计划管理审批制度

为确保总工期，施工单位应及时编写月计划，并报业主与监理工程师审批。于每月25日报送业主和监理工程师，以利于检查督促落实。监理工程师根据施工合同，分阶段和部位控制工程进度目标，对工程进度情况进行检查分析，及时催促施工单位采取有效措施，以保证总工期按期或提前完成。

11. 工程竣工预验收制度

为促进工程及时竣工验收，要求承包单位经自检合格并达到竣工验收条件时，填写“单位工程竣工预验收报验表”并附相关资料；总监理工程师组织监理人员对质量控制资料进行核查，督促承包单位完善；总监理工程师组织监理和承包单位共同对工程进行检查验收（届时请甲方、设计参加），经检查需要局部整改的，限期整改后再验收直至符合合同要求，总监理工程师签署“单位工程竣工预验收报验表”。

（十四）其他管理制度

保密管理制度、合同管理制度、安全管理制度、建立检查评价制度、仪器设备监测制度、人事管理制度等均是公司管理方面的规定，工作过程中都应严格遵照执行，在此不作详细描述。

（十五）监理人员守则

1. 遵守劳动纪律、准时上下班，不迟到、不早退，上班时间不做与工作无关的事。

2. 着装整齐、举止文明、礼貌待人。

3. 办公室应保持良好卫生环境，不乱扔纸屑、烟蒂。

4. 办公室应保持良好工作环境。不大声喧哗、吵闹，上班时间不打扑克，不玩游戏。

5. 工作时间内尽量减少私人电话，缩短电话通话时间。

6. 桌面文件、资料要码放整齐，报纸、文具要放置有序。

7. 爱岗敬业、团结协作、互相帮助、积极工作。

8. 尊重、维护业主的合法权益，遇事主动与业主沟通，不出现越权和顶牛现象。

9. 搞好与施工单位关系。互相尊重、平等待人、以理服人、协调解决问题。

10. 谦虚谨慎、诚信待人、办事公正、主动协调，以事实为依据正确行使职责。

11. 在工地期间严禁参加任何形式的赌博。

群策群力，尽职尽责，做好广西科技馆（新馆）监理工作

李思平　郑毅　陈锦锋

广西壮族自治区建设监理有限责任公司

摘　要：通过阐述广西重点工程（广西科技馆）施工过程中深基坑支护及降水、高大模板、球形幕墙等关键工序、关键部位的施工监理监控措施、方法及成效，探讨了监理在重大工程发挥的重要作用。

关键词　深基坑支护及降水　高大模板　玻璃幕墙　监理监控

一、工程概况

广西科技馆（新馆）作为广西壮族自治区成立50周年大庆献礼的重点工程项目，受到各方面重视。广西科技馆（新馆）工程于2006年12月28日开工建设，2008年12月5日建成开馆。工程位于广西南宁市民族大道20号，总造价约2.5亿人民币，总建筑面积为38988m^2，地下共一层，层高7.3m，地上4层，层高8m（培训办公楼地上8层，层高4m），建筑总高度50.16m，最大跨度15m。

场馆建筑方案创意独特、寓意深刻，较好地体现了广西的地域特色、民族特色和科技内涵三大要素。在地域性上，其神似广西桂林的象鼻山、阳朔的月亮山、北海的珍珠贝蚌；在民族性上，其主要构图设计采用了广西铜鼓和民族服饰中最具特色及代表性的羽人图案，使建筑宛如一只翱翔时展开的巨大翅膀，极具民族特色和感染力；在科学内涵上，球幕影厅的球体设计，仿佛怀于凤凰母体中待产的蛋体，又如孕育新生命的珍珠贝蚌，蕴涵着“科学孕育未来”和“明珠灵性育人”的寓意，特别是球体设计的流线滚动状态，使整个设计动静结合，充满灵性。

广西科技馆（新馆）实景拍摄

二、组建得力的项目监理部，公司加强检查指导

（一）公司领导层对本工程高度重视，选派了一名理论基础深厚、现场管理经验丰富的注册监理工程师担任本工

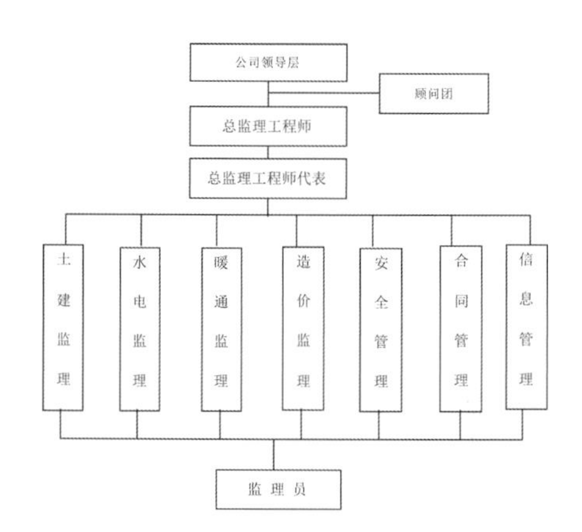

程的总监理工程师，另一名年富力强的注册监理工程师担任总监理工程师代表，并配备了工作多年、经验丰富的土建、给排水、电气、暖通、造价工程师担任专业监理工程师。

（二）公司顾问团（由公司聘请的设计、勘察、施工行业退休的几位专家组成）对图纸会审以及对危险性较大的分部分项工程及重点难点的关键工序进行指导。

（三）公司技术部根据管理体系文件、现行规范标准要求及工程实际情况，对总监理工程师进行了交底，然后总监理工程师对监理部各级人员进行交底，让各级监理人员掌握岗位职责及相关的监理工作程序、方法。公司技术部每季度至少对项目监理部的监理工作进行一次全面的巡检，对关键工序、危险性较大的分部分项工程的实施过程加大检查的频次，对发现的监理资料及现场存在问题，及时下发整改通知书，并跟踪整改落实。

三、施工过程中几个关键工序及危险性较大分部分项工程的监控

（一）基坑支护及降水过程的监控

1. 概况：本工程基坑实际开挖深度6.7~8.1m，基坑采用土钉墙支护结构；地下承压水高于基础底面1m左右，故降水的质量是影响整个工期的关键。设计在基坑周围布置10口降水井，井深12~16m，同时在基坑中设置2口观察井。

2. 监理工作的控制要点及方法、措施

1）由于基坑开挖深度超过5m且离周边已建建筑物较近，不能满足放坡的要求，按照相关规定要求施工单位对土钉墙支护专项方案组织专家进行了论证，并按照专家组意见修改完善后的方案组织实施。

2）在管井施工工艺流程应遵循以下流程：（1）确定井位→（2）降水井成孔→（3）下井管及滤水管→（4）填砾及封止井口上部→（5）洗井→（6）抽水试验→（7）水质分析评价→（8）安装水泵设备→（9）水泵试抽水→（10）正式抽水。

以上工艺中，监理严格按设计及规范要求全程跟踪，并作好相应记录。

3）严把材料关。对于钢筋、钢管、水泥、砂石等材料，送检合格后才同意使用。

4）做好工序监控。监理人员对锚杆成孔、锚杆制作与安装、注浆、铺设钢筋网、喷射混凝土等采取巡视、测量、旁站、试验监理等手段，确保质量符合要求。

5）加强支护施工监测。委托第三方有资质的检测单位进行基坑监测，主要工作内容包括对基坑位移测量、周边设施（建筑物、道路、管线等）的变形观测、地表开裂状态的观测、基坑渗漏水情况的观测等。如坡顶侧向位移达到0.003~0.005H（H为开挖深度）时，应加强观察，分析原因并及时采取有效的应急措施，如坡顶出现裂缝，应及时灌入水泥浆封闭。

（二）高大模板工程的监控

1. 概况：为了力求表现广西桂林象鼻山的造型，设计意图把部分墙面和屋面组成不规则的曲面，将混凝土屋面板设计为一个不可展曲面，主要特点：层高变化大，为1.185~21.375m；斜板结构，坡度约为24.5°，倾斜的板对支架有巨大的水平推力，极易引发塌架事故。施工荷载情况：屋面钢筋300t，混凝土1360m^3，本层钢管架自重360t。屋面梁大多截面较大，最大的为800mm×1100mm。作为新建建筑物，四周没有可以依托的支撑点，每榀框架之间相距12.6m，框架之间无支撑点。

2. 监理工作的控制要点及方法、措施

1）施工方案的审查与论证

根据建设部发布的《危险性较大工程安全专项施工方案编制及专家论证审查办法》的规定，高大模板工程是指水平混凝土构件的模板支撑系统高度超过8m，或跨度超过18m，施工总荷载大于10kN/m^2，或集中线荷载大于15kN/m^{2}的模板支撑系统工程。本工程屋面梁板的模板支撑系统工程符合高大模板工程，为此，项目监理部要求施工单位先编制切实可行的高大模板支撑专项方案。

该方案严格规定在屋面混凝土施工完毕达到具备要求的强度前，该施工层下的两层支顶系统不允许拆除。为了将架体上的水平力有效传至框架柱，减轻架顶侧移，立杆每步距均通过水平杆与框架柱进行刚性连接（抱柱）。本支撑架的立杆纵横间距均为1m，步距1.5m，

底部0.15m，高处设双向扫地杆。所有斜撑必须顶到楼面或与施工完毕的框架柱拉结支顶牢固，整个支撑架由下往上每隔两步设置水平剪刀撑。在纵横两个方向每4m设竖向剪刀撑，构成4m×4m×4.5m的空间方格组合，使架体成为空间几何不变的体系，而且每步距均设抱柱件与已施工完毕的框架柱拉结牢固，从而把架体与建筑物组合成了一个整体。

施工方案经监理部初审，再由施工单位按规定组织专家组论证。施工单位按照专家组论证意见修改完善后，报总监理工程师批准实施。

2）督促做好技术交底

由项目部技术负责人（专项方案编制者），就方案中有关构造要求的技术细节和安全施工的技术要求（扫地杆的设置、立杆的搭接方式、纵横向及水平剪刀撑的设置、抱柱体的设置、扣件拧紧度等），向施工作业班组的作业人员作出详细的技术交底。为更有利于监管，监理部的土建监理工程师主动参与了上述交底过程。

3）钢管扣件进场检验

由于旧钢管和扣件较多，监理工程师对钢管和扣件进行了外观检查，主要是检查钢管有无严重鳞皮锈、管壁厚度，扣件的完整性等。监理工程师对外观质量及质保资料检查符合要求后，进行现场见证取样，试验合格的钢管和扣件方可使用。

4）支架搭设时监理检查监控

在搭设之初要求施工方严格按照专项方案中的步距，在地板上弹好相交线，且避开柱子不留死角，经模板主管工长检查和监理工程师检查后，开始搭设钢管支架。在第二层模板支撑开始搭设前同样找好控制点，按第一层位置弹交叉线，保证上下钢管位置偏差不到10cm，保证支架向下传力时不压坏楼板面。在搭设时监理工程师严格按专项方案要求及时检查架体的安装，并侧重对构造要求的检查，用力矩扳手对扣件螺栓进行检查。发现问题，立即督促整改并跟踪落实。

5）整架验收

项目监理部根据高大模板工程的相关管理规定及规范标准要求，专门制定了“广西科技馆（新馆）高大模板工程整架验收记录”，对立杆纵距、立杆横距、纵向竖直剪刀撑、横向竖直剪刀撑、水平剪刀撑、水平杆步距、顶撑外伸长度等7项各选测10个点，与方案值比较；对抱柱连接件设置、顶层水平剪刀撑设置、被抱柱的混凝土试块强度、构件钢管的检验情况、水平杆缺失、扫地杆缺失等6项情况进行描述。

整架验收方案要求架子工带班队长、木工工长、混凝土工长、总工长、质检员、安全员、现场技术负责人、现场管理负责人、公司质安科长、项目经理、方案编制人、方案审核人参加验收并签字。同意与否、通过与否，要求明确写明自己的结论，不能含糊。

支架搭设完成后，由于过程中严格按照既定方案施工，验收顺利，符合要求，经上述施工、监理方各级人员签字后通过，可进入下道工序。

6）屋面梁板混凝土浇筑的监控

监理人员对混凝土浇筑过程实施旁站监理。督促施工单位安排专职人员观察支架系统有无异常变化，如发现异常应及时汇报并采取相应的措施；混凝土浇筑由中间向两侧推进，由标高低的地方向标高高的地方推进。

7）效果

经实际观测，架体稳定效果很好，监理旁站人员完全感觉不到架体颤动，即使在混凝土泵送管边也没有振动感，工程顺利封顶。

（三）幕墙工程的监控

1. 概况：本工程有拉索式点支式玻璃幕墙、钢柱式点式玻璃幕墙、玻璃球

广西科技馆（新馆）高大模板整架验收记录

名称：　　部位：○～○×○～○轴　标高：　m～　m

实测值		1	2	3	4	5	6	7	8	9	10	平均值	方案值	备注
立杆间距	横距													
	纵距													
纵向竖直剪刀撑间距														
横向竖直剪刀撑间距														
水平剪刀撑间距														
水平步距间距														
顶撑外伸长度														
抱墙抱柱件设置							顶层水平剪刀撑设置情况							
立柱试块强度							水平杆缺失情况							
构件钢管检验情况							扫地杆缺失情况							
责任人	队长	签名：			日期：		结论：				合格（ ）　不合格（ ）			
	工长	签名：			日期：		结论：				合格（ ）　不合格（ ）			
	总工长	签名：			日期：		结论：				合格（ ）　不合格（ ）			
	质检员	签名：			日期：		结论：				合格（ ）　不合格（ ）			
	公司质安部门	签名：			日期：		结论：				合格（ ）　不合格（ ）			
	技术负责人	签名：			日期：		结论：				合格（ ）　不合格（ ）			
	现场负责人	签名：			日期：		结论：				合格（ ）　不合格（ ）			
结论	项目经理	签名：			日期：		同意整架验收（ ）不同意验收（ ）				通过（ ）不通过（ ）			
	方案编制人	签名：			日期：		与方案一致（ ）　不一致（ ）				通过（ ）不通过（ ）			
	方案审核人	签名：			日期：		与方案一致（ ）　不一致（ ）				通过（ ）不通过（ ）			
复核人	结论：	监理工程师：					日期：		总监：		日期：			

荣誉证书

广西建工集团第五建筑工程有限责任公司：

你公司（项目经理：杜福昌）承建的广西科技馆（新馆）工程被评为2011年广西优质工程。

特发此证

广西壮族自治区住房和城乡建设厅

二〇一一年五月二十六日

荣誉证书

广西建工集团第五建筑工程有限责任公司：

你公司（项目经理：杜福昌）承建的广西壮族自治区科学技术馆工程被评为2008年自治区安全文明工地。

特发此证

广西工程建设质量管理协会

二〇〇八年十二月二十五日

全国建筑工程装饰奖

获奖证书

（公共建筑装饰类）

广西建工集团第五建筑工程有限责任公司：

你单位承建的 广西科技馆（新馆）机电安装及配套 工程

荣获二〇一〇年全国建筑工程装饰奖。

特发此证

承建范围：室内外装饰装修

证书编号：ZJ1002131

二〇一〇年十二月

幕结构、铝合金玻璃幕墙、铝合金大格栅、铝单板系统、活动天窗及装饰天窗等。其中球幕结构每个单元大小、单元板之间的夹角、交汇点的夹角都不一样，设计采用全隐框球面玻璃幕墙，龙骨为无缝钢管固定在钢结构网架上，再将双钢化夹胶玻璃通过铝制压板固定在钢方管龙骨上。斜面玻璃幕墙空间结构复杂，设计通过套接的圆钢管来调节高度，尾部通过滑槽来调节支撑点间距，不但能适应空间位置变化，而且易于加工和安装。铝合金装饰桁架是另一技术难点：铝合金焊接条件要求高，强度低易开裂。因此，设计了铝合金桁架组装结构，可以快速组装而且结构型好。所有型材的接合部均设有弹性胶垫，可吸收一定的横竖框安装误差。所有板块均为可更换系统，玻璃板块结构胶在净化打胶房施工，固化后运至现场安装。

2. 监理工作的控制要点及方法、措施

1）审核幕墙施工单位的资质、质量管理体系、施工方案等能满足施工要求。

2）严把材料关。对幕墙工程所用的龙骨、结构胶、耐候胶、玻璃、五金配件、构件及组件、防火保温材料等，均需具有产品合格证、性能检测报告，按规定需送检的要有监理见证取样试验合格的复试报告，达不到要求的材料坚决予以退场。

3）加强工序验收。监理工程师严格按照规范标准和设计要求对各道工序进行质量把关，上道工序完成，经过施工单位的自检、交接检，再经监理工程师验收合格后，才能进入下道工序。

4）加强各方协调。由于施工专业队伍多，交叉作业多，项目监理部每天下午下班前主持召开各方碰头会，总结今天的施工情况，协调解决存在的问题，部署第二天的工作，使得工程有条不紊地进行。

四、监理工作成效

广西科技馆（新馆）是广西壮族自治区成立50周年大庆重点献礼项目，项目监理部较好地完成了监理任务，获得了建设主管部门及建设单位的好评，充分肯定了监理在该重点工程的重大作用。该工程先后获得了广西壮族自治区安全文明工地、广西优质工程、全国建筑装饰工程奖等荣誉。

五、本工程监理工作的心得体会

1. 上下同心，群策群力，充分发挥团队精神，尽职尽责。

2. 方案先行，程序不漏，表格管理，责任到人。

3. 加强组织协调，坚持每日各方碰头会，及时解决问题。

监理只有严格执行国家规范标准，严格按程序办事，才能最大限度发挥监理的履职作用，确保工程质量，实现监理目标。

便携移动式摄像头在乌东德水电站质量管理过程中的应用

胡启斌　王俊恒　蓝一珉
中国水利水电建设工程咨询西北有限公司

摘　要：鉴于当前水电市场主要以专业和劳务分包为主的建筑模式，整体技能偏低的农民工已成为水电施工的主要劳动力，水电施工项目不时发生施工质量不满足设计要求的事件；为有效消除水电工程发生的锚杆数量不足、锚杆短杆、锚杆插杆后不注浆或注浆不饱满、混凝土施工中偷拆钢筋、混凝土加水、浇筑中垫渣或抛石等弄虚作假行为引发的质量隐患，提高过程施工的规范性，监理实施了便携式摄像头对地下工程开挖支护及混凝土施工工作面全过程、连续监控的管理手段。本文从摄像头的使用背景、市场调研、采购使用流程以及采用摄像头监控所发挥的对现场施工及管理人员威慑效应、过程质量问题可追溯性以及提高质量管控效果等几方面进行了阐述。

关键词　摄像头　开挖支护　混凝土施工　监控作用　效果

一、摄像头的使用背景

乌东德工程作为国家西部大开发的重点工程，施工难度大，质量标准高，当前水电建筑市场又面临劳务短缺、整体素质偏低等问题，监理作为现场施工质量把控的最后一道关口责任重大，结合以往工程发生的一些锚杆数量、长度不符合设计要求、锚杆插杆后不注浆或注浆不饱满、混凝土仓号验收后偷拆钢筋、混凝土内加水、混凝土垫层下填渣等弄虚作假行为。西北咨询公司乌东德监理中心自 2015 年 10 月份以来相继修订出台了一系列管理制度以加强管理、严肃问责，同时，也积极探索采用视频录像的手段以强化监理的过程管理，保障工程质量。

二、摄像头的市场调研、采购

通过市场多次调研发现，市场上出售的监控摄像头主要分为固定安装的摄像头和移动监控的摄像头两大类。固定摄像头一旦安装调试完毕只能在固定区域内实施监控，由于布线烦琐，所以不能随监控区域的变化随意移动。而乌东德地下工程施工作业面分散，而且同一监控区域位置也随施工工序不断发生变化。如果在所有需要监控的施工作业面区域内都安装摄像头，或者频繁的拆卸、安装，会大幅增加监理现场工作量及使用成本。移动式摄像头主要以类似行车记录仪类别为主，其防尘防水等级很低，根本达不到 ip66 的工业防尘防水标准。考虑到施工作业面的监控环境都是多尘，潮湿，甚至是有外来水的施工环境，所以市场上销售的两类小型摄像头都不能很好满足地下工程开挖支护、混凝土施工全过程的连续监控需求。根据施工作业面的环境特点，以及期望所使用的监控摄像头宜具有携带方便、操作简单、性能稳定、全方位均能摄像等特点，查阅了大量的监控摄像头资料，并在相关专业人员的帮助下对摄像头重新整合、配置、改造，装配出一种适合地下工程开挖支护、混凝土施工作业面监控的便携移动式摄像头。其特性如下：1）防水防尘等级已经达到了 ip67 级，在乌东德水电站的各种施工环境中都能稳定正常工作。2）采用了 64G 小巧的 TF 存储卡（可连续工作 3~6 天，基本满足常规施工周期的需要，配置两张 TF 内存卡交换拷贝到后方专用硬盘建档），将摄像头与存储卡合为一个整体，非常方便拆卸和安装。3）便携移动式摄像头增加了 Wi-Fi 热点的功能，在没有互联网的状态下，不依赖任何其他网络，只需在手机上安装相应的 app 软件，现场监理人员即可在百米范围内对监控范围内画面进行实时查看，非常适用于地下洞室工作环境。4）摄像头使用的是 4mm 和 8mm 的高清镜头，既满足了画面的宽度，又满足了画面的深度，清除了监控区域内的死角，40m 的红外夜视功能，即使在深夜也能清晰捕捉监控区域内的每一个细节。5）便于移动、安装、拆卸。采用了管径 DN40 伸缩式铝合金监控支架，仅用普通钢管扣件就可将监控支架快速固定，监控摄像头与监控支架选用了快装螺丝固定，不需要任何工具就能快速安装和拆卸。6）监控摄像头使用了专业的防水户外电源、工业防水接头和安全等级较高的橡套拖拽软电缆，适合现场复杂的用电环境，既安全又轻便。

三、便携移动式摄像头的应用

（一）便携移动式摄像头的基本构成如下图：

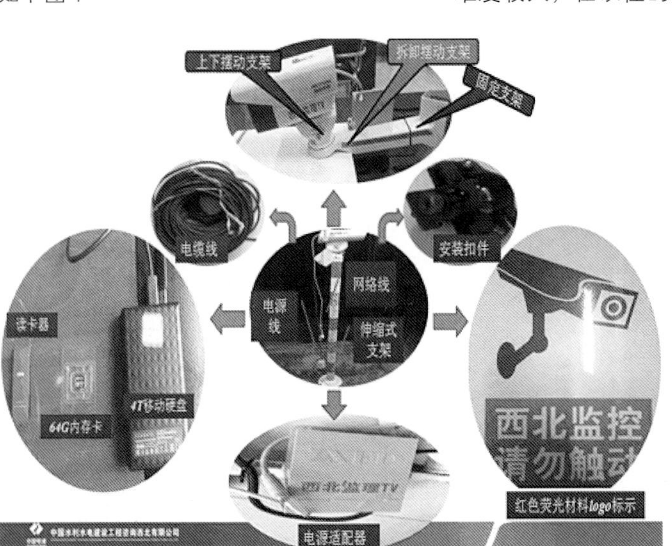

监理中心使用初期配置 2 台海康威视摄像头，后经改进又配置了 2 台萤石摄像头。摄像头设施主要由摄像头、32G 及 64G 内存卡（每台 2 张）、电源适配器、2000mA 移动电源、支架配件和警示标牌等构成，可外接 220V 电源使用。海康威视摄像头每张内存卡能够连续拍摄约为 72 小时，每 15 分钟自动存储 1 次，红外照射距离为 50m，分辨率为 480×854 ~ 1920×1080。萤石摄像头每张内存卡能够连续拍摄约 144 小时，每 40 分钟自动存储 1 次，红外照射距离为 50m，分辨率为 1280×960，自带无线路由器接收距离 30 ~ 50m。辅助配件 USB3.0 读卡器、4T 移动硬盘、200m 电缆线。

（二）便携移动式摄像头的应用部位：

自 2016 年 4 月份以来，监理中心相继采购了 4 台摄像头，主要用于尾水调压室、尾水主洞、引水隧洞、灌排廊道的开挖支护和混凝土浇筑施工的作业现场。2017 年年初由监理中心监理的右岸引水发电系统工程全面转入混凝土浇筑阶段，并迎来混凝土浇筑高峰期。现场点多面广、旁站任务繁重、质量管理难度较大，在以往的施工过程中曾出现过 EL.850m 灌浆廊道底板垫层混凝土浇筑过程中回填石渣、EL.780m 灌浆廊道锚杆私自注装以及主变室、尾水施工支洞等部位在混凝土浇筑过程中私自向罐车、泵车、仓号内加水等质量违规或造假行为，为威慑施工作业人员以及加强现场监理人员质量责任、意识的管理。监理中心在右岸引水发电系统工程混凝土施工作业面全面使用了摄像头监控的质量管理手段，目前现场配置了 4 台便携移动式摄像头，且正在进行市场调研，准备再采购一些功能更加完善、适应性更强的摄像头对混凝土施工进行全过程、全方位的摄像监控。

四、便携移动式摄像头摄像监控的作用

（一）现场威慑效应

监理现场安装移动摄像头，对施工过程和施工人员的质量行为进行全程录像。首先对现场施工人员的心理上形成威慑效应，规范其在施工过程中的质量行为，减少违规操作或造假行为，同时储存的影像资料是要经过部门干部回放查看、整编存档的，这一措施无疑会强化现场监理人员的质量管控意识和质量责任意识。

（二）问题可追溯性

摄像头所录制的影像资料，监理中心每天按影像部位进行整编存档，同时及时查看监控录像以检查施工过程中是否存在质量违规或造假行为。尤其是在现场监理中午就餐、其他工作面临验收时段等旁站空白期很容易出现违规行为，通过查看监控录像，如发现质量违规和造假行为，监理将根据情况及时要求返工处理或进行相应处罚，杜绝施工过程

中监理旁站空白期出现质量违规和造假行为。

（三）辅助现场监理旁站的作用

按照监理合同要求，主体工程混凝土浇筑、锚杆注装、锚索张拉和其他隐蔽工程均需监理进行全程旁站，若同一工程部位在同一时间段内出现了多个混凝土仓号同时浇筑，或者混凝土浇筑与其他需要旁站、验收的项目在时间上出现了重叠，按照目前监理市场的实际情况，监理无法做到面面俱到。例如尾水、尾调工点最多同一天同时有6个工作面浇筑混凝土需要旁站，且现场还有其他仓号进行备仓施工，需要巡视、验收。为了解决此类问题，监理中心采取了现场监理人员以验收、巡视为主，摄像头监控录像辅助的方式对工程进行全程监控，既达到了质量管控的效果，又适当弥补监理人员数量的不足，同时摄像资料的存储、调取、回放作用也强化了现场监理检查、验收、旁站的工作责任心和质量意识。

五、摄像头的应用流程和方法

（一）监理中心将摄像头采购回来后，先安排专人对使用说明进行研究，然后组织开展内部全员培训和技术交底。最后交由项目部使用，监理人员根据工程实际情况，选定工程部位进行实地拍摄。

摄像头使用培训

（二）摄像头每台都配备了2张32G或64G内存卡，当班监理人员下班时将内存卡更换后带回后方办公室，部门负责人组织各工点负责人对当班所拍摄的影像资料进行回放并检查施工过程中是否存在质量违规行为，最后将资料按照工程部位、拍摄内容、时间等参数进行整编存档。

各工点对影像资料进行回放、检查

（三）根据实际使用情况，监理中心及时开展对摄像头的使用方法、拍摄效果以及资料整编、存在问题等内容交流，逐步提高拍摄质量和应用实效，目前右岸引水发电系统混凝土浇筑作业面摄像监控已基本覆盖。

使用方法及发现问题进行总结、交流

六、便携移动式摄像头应用效果

（一）锚杆注装监控情况

锚杆注装部位安装摄像头，对锚杆砂浆拌制、注浆工艺、安装质量进行全过程监控。根据录制视频分析，能监控到锚杆注浆、插杆和砂浆拌制过程，有

对4#尾调室锚杆注装过程进行监控

效杜绝锚杆施工过程中锚杆短杆造假、砂浆拌制不掺砂子、注装工艺不规范或违反注装程序等质量问题。根据对不同工作面锚杆注装过程突击检查或通过手机连接摄像头监控注装过程，均表明安装摄像头起到了威慑作用，安装摄像头的工作面在监理未旁站期间，锚杆注装各道工序明显比未安装摄像头工作面更规范。

（二）混凝土浇筑监控情况

1. 灌排廊道、施工支洞垫层及底板混凝土监控情况

根据录制的视频资料分析，能监控到仓号内混凝土下料、平仓、振捣、收面、突发事件应急处理以及混凝土泵运行等情况，能够有效杜绝在灌排廊道、施工支洞垫层和底板混凝土浇筑过程中垫渣、抛石、加水、擅自拆除钢筋等质量违规或造假行为，使得混凝土下料、平仓、振捣、收面等工序更加规范。

2. 主厂房机窝、尾水、尾调室底板等开阔仓号混凝土监控情况

根据录制的视频资料分析，能监控到仓号内混凝土下料、平仓、振捣、收面、突发事件应急处理以及布料机、混凝土泵运行等情况。监理中心对此类仓号主要采用现场监理以验收、巡视为主，摄像头监控录像辅助的方式对混凝土浇筑情况进行监控。开阔仓号安装摄像头能对仓号全覆盖，浇筑过程全监控，有效杜绝了如EL.850m灌浆廊道底板垫层混凝土浇筑过程中回填石渣和

建设部通报的溪洛渡沟水处理2号排水洞底板混凝土钢筋缺失等类似情况的出现。由于部分仓号混凝土泵距仓面较远，现场监理人员无法同时兼顾仓面和混凝土泵部位的旁站工作，使用便携移动式摄像头后，当旁站监理进入仓号，摄像头能对混凝土下料系统进行全程监控，能够杜绝施工人员向混凝土罐车、泵车内加水等违规行为。同时还能有效降低监理人员到其他工作面验收，交接班等空白时段出现下料、振捣不规范以及突发事件处理不当等情况出现的频率。

3. 竖井、灌排廊道边顶拱、尾调边墙等狭小、封闭仓号混凝土监控情况

根据录制的视频资料分析，由于受到摄像头照射角度、仓内物体遮挡等因素影响，摄像头只能拍摄到仓面一些基本情况，不能对仓号进行全覆盖。针对此类仓号，监理中心采用监理旁站为主，摄像头监控为辅的方式对混凝土浇筑过程进行管控。

监理对摄像过程中发现的问题采取了监理指令、警告和经济处罚等措施，如2016年6月19日夜班，主变室7#母线洞扩大段混凝土浇筑过程中，施工人员趁现场监理人员到其他工作面临时验收时，私自向混凝土泵车内加水达3次，监理在对当班摄像资料进行回放时发现了此问题，立即按照相关管理办法对施工方进行了20000元罚款处理。摄像头威慑作用日趋明显，质量违规行为也相对减少，现场监理检查、验收旁站的工作责任心与质量意识也有较大提高。

结语

乌东德监理中心将“摄像头”应用到实际监理工作中来，属于在工程建设质量管理中的创新举措。自2016年4月以来，由于便携移动式摄像头方便安装、移动，可安装在任何一个工作面，对大部分施工工序能起到有效监控，右岸引水发电系统工程采用“摄像头”监控与旁站监理相结合的管理方式以来，该项目再未出现锚杆短杆、混凝土内加水、垫层浇筑垫渣等恶性质量造假事件，使现场施工质量得到了有效提高，同时对作业面的安全文明施工、安全设施搭设是否规范、施工作业人员佩戴的防护用品是否齐全、合规，以及资源投入是否满足进度要求等各方面的管理都发挥了较好的管理效果。该举措得到了业主的高度认可。实践证明，监理中心“便携移动式摄像头”的应用，既达到了施工过程全程监控的目的，又提高了现场施工人员及管理人员的工作责任心和质量意识，同时也有效降低了监理的现场监督管理成本，将便携移动式摄像头用于施工作业面的监控的管理举措值得同行推广应用。

5#尾水主洞底板混凝土浇筑过程进行监控

厂房机坑混凝土浇筑监控

主变副厂房浇筑监控

EL.780m灌浆平洞底板浇筑监控

出线竖井浇筑监控

EL.850m灌浆平洞衬砌监控

对11#引水竖井下弯段衬砌混凝土浇筑泵车进行监控

以宜昌钓鱼台一号房地产开发项目为例探析高层建筑施工监理工作的开展

程卉　崔剑锋
长江三峡技术经济发展有限公司

摘　要：本文对高层建筑工程的施工监理工作进行了分析，保证了建筑工程的设计和施工达到规范要求。

关键词　高层建筑　施工　监理工作

一、施工准备阶段的监理工作

（一）设计图纸的审查

审查设计图纸的主要目的是为了及时修改图纸中存在的错误。施工图纸首先由监理方和施工方进行审查，对于存在疑问的地方要求设计单位给予解答。审查图纸过程中要做好会审记录工作，然后由施工方、业务方和监理方签字认可。在对图纸进行审查前，监理单位要阅读设计文件，充分了解设计方案的思路，从施工方面和经济方面对方案的可行度进行考虑。

（二）制定监理实施细则

监理工作主要包括项目管理措施和控制措施。监理单位要根据项目的监理制度和监理措施，深入规划监理实施细节。例如水电、设备、土木等。

（三）审查项目的管理体系

承包的现场管理体系主要包括质量管理体系、技术管理体系和质量保证体系，这三个管理体系对工程总体施工质量有比较大的影响，监理人员在进行审查时，要对施工现场情况进行分析，主要包括施工人员情况、项目施工进展情况以及材料情况。

（四）对现场施工条件进行检查

在施工之前要检查是否将现场的杂物清理干净，检查施工现场的布局是否合理，施工单位是否获得施工许可证，检查五牌一图和安全警示牌能否布置好，监理达到要求后即可签订开工报告。

二、高层建筑施工过程中的质量监理

高层建筑由于结构复杂形式多样，建筑规模大成本高，功能多智能化集中，建筑高施工难度大，监理人员在对质量进行控制时，需要严格监控各道施工工序，并利用 PDCA 循环对巡视监理过程中遇到的质量通病进行解决。加强施工自检和施工验收，进而使质量通病出现的概率降低，避免出现质量事故。为了进一步提升质量的管控力度，要求施工单位做好自检工作，并对验收过程中遇到的问题进行纠偏。实际管理时，可以先将结合项目的实际情况构建一个大的 PDCA 循环，然后根据合同、监理计划和法规文件制定出具体的目标，最后根据各个目标在制定出详细的监理细则和施工方案，直到可以对工程目标进行精细化控制，保证项目施工质量。

（一）原材料、构配件及设备的监理

在高层建筑工程施工过程中，工程材料是施工的基础材料，做好质量管理工作是确保施工质量达到要求的基础。所以，监理单位要做好进场材料的质量管理工作。工程施工过程中需要用到的所有配件和材料都需要提供相应的质量证明文件，如果材料质量不合格，不允许使用，并将其从施工场地清退。工程施工过程中用到的各种配件和材料都要达到国家技术规范要求。

（二）地基与基础工程

在对地基工程进行监理时，需要对施工单位编制的施工方案进行审查，并对建筑的轴线、定位、外形尺寸和标高进行复查。对钢筋的接头位置、数量、直径、型号等进行隐蔽验收检查。取样检测钢筋连接质量，保证钢筋质量达到设计要求。在进行基础施工时，要做好桩基础的成孔和灌注施工，在进行基础施工时要全程旁站进行基础混凝土的振捣施工，并按照规范要求对混凝土的坍落度和混凝土强度进行抽检，确保其质量可以达到要求。

（三）主体结构工程施工监理

在进行主体结构施工时，要制定相应的质量监测标准，检查建筑结构外框和核心筒每一层标高、轴线、标高、柱梁板钢筋等施工是否达到要求。监理人员采用巡视、旁站、验收等方式，对于监理过程中共同遇到的问题要立即责令施工单位进行整改，保证施工质量可以达到规定的质量要求。本工程主体结构使用商品混凝土进行施工，混凝土入场前对粉煤灰、砂石、水泥、外加剂的质量检查检测，并检查质量证明文件的完整性。在浇筑施工时，监理人员要全程旁站监理，并按照规范要求对混凝土的坍落度、混凝土强度进行抽检认证。审查施工单位编制的现浇结构模板和支撑体系，并检查模板和支撑拆除方案，对于混凝土缺陷进行隐蔽验收和跟踪检查。对洞口预留预埋和管线施工进行旁站监理，主体结构施工完成后要有总监理师组织参建单位实施验收。

（四）装饰装修工程监理

在进行墙面装饰工程和地面装饰工程施工时，要对抹灰层的平整度、厚度和垂直度进行现场控制，保证墙面装饰层不同基体材料连接处的纤维网（内墙）和钢丝网（外墙）可以达到要求。在进外墙饰面砖施工时，对基层进行涂灰之前，要见使用界面剂在基层表面进行涂刷，外墙阳角纵向挂钢丝垂线，将基层的平整度控制好，复合检查粘贴水泥的强度和安定性。在进行粘贴时，监理人员要对粘贴工艺进行巡视检查，贴瓷砖时要求瓷砖背面满批砂浆。根据面砖控制线对粘贴进行控制，确保其能够和基层粘结牢固。施工完成后监理人员要按照规范要求对粘贴好的瓷砖进行拉拔试验。控制好门的尺寸、位置、安装方向、开关、嵌填，并对窗的固定情况、定位情况、嵌填情况进行检查。

（五）给排水工程

要检查室内给水管道系统，并对管路和阀门进行水压试验。现场对管道支架的安装、管道施工记录以及给水管网冲洗消毒记录进行检查。检查室内拍摄管道系统，并对管路进行充水检查。在施工现场对管道的支架安装、坡度和通水记录进行检查。检查喷淋系统管道坡度、支架安装的位置、水泵安装质量、喷头和柱梁壁的位置，并进行管道末端试水检查。检查消火栓系统，并检查栓口和消火栓箱的距离高度，并对消防泵的安装 、管道支架间隔距离进行检查。对系统进行试压测试。

（六）通风工程施工监理

在进行通风工程施工时，要对材料的性能、材料的种类以及材料的厚度进行检查，对矩形弯管的制作、风管的加固以及导流片的制作进行监理。

（七）建筑电气监理

监理人员要对管、槽中线缆的敷设情况进行检查，并检查管槽支架间隔距离和固定情况。检查管槽的接地情况和管槽连接情况是否达到了入箱管口位置和长度的要求。检查配电柜的安装质量以及相序标志，内部布线是否美观整齐，接线是否符合要求，并进行绝缘电阻测试。

此外，还要检查接地装置和防雷装置，检查圆钢或扁钢的焊接接口和搭接长度，然后对接地极的埋设深度和间隔距离进行检查。检查接地材料的规格，并对材料的防腐处理情况进行检查。检查联络线路截面和接地点，检查实测接地电阻值和接地电阻测试点位置，检查接闪器和引下线的制作质量，检查电气设备外壳、高层金属栏杆和屋顶金属管线的接地情况。

（八）建筑节能监理

高层建筑施工后，要对墙体保温热桥位置进行隐蔽验收，对地面基层灰饼的厚度和墙面的厚度进行控制，确保保温层厚度可以达到设计要求。对洞口的填充密实度和门窗框的填充密实度进行检查。施工完成后，由监理工程师组织所有参建单位进行专项验收。

（九）竣工验收阶段监理

工程竣工后，总监理工程师要对物业单位、施工单位、业主单位进分户验收，对于发现的问题要立即落实整改。总监理工程师要组织相关监理工程师按照规范要求和规定的强制性标准条文对工程质量进行竣工验收，并审查竣工资料。

参考文献

[1] 俞龙飞，王明波，来林方．超高层建筑施工进度计划与控制[J]. 建筑工程技术与设计，2014（06）：18.
[2] 王自强．浅谈建筑工程监理中质量控制的重要性[J]. 基层建设，2015（04）：23.

浅析工作中常被忽略的操作性技术问题

苏光伟
新疆建院工程监理咨询有限公司

摘　要：重视从认识开始，认识由学习开始。面对结构构造的做法，“知”是做的前提，“做”是基本，“做好”是根本。

关键词　学习　构造　风险

笔者就工作中结构构造方面常见的概念上“认识不清”“行而上”“随心所欲”，“操作上”“张冠李戴”的相关问题与同仁们作一些初浅的探讨、交流、学习并共勉。

一、结构构造与建筑结构

结构构造即结构各构成部分及构件内部组合的原理及方式。建筑结构设计分为受力计算和构造措施两部分。结构计算是通过受力分析计算出的配筋量。构造配筋及方式是难以通过受力分析计算，是通过研究和试验作出的强制规定。因此，一个合理的结构设计，不能仅仅依赖于“结构计算”，很大程度上取决于合理的构造措施。若现场结构构造做法出现严重缺陷，即便结构计算再精确也无法确保结构的安全。因此，结构构造配筋及方式与结构计算配筋及方式是互相依存、互为条件、共同作用的有机整体，是结构设计体系不可或缺的组成部分。

二、延性与塑性铰区

延性是抗震结构设计很重要的一个概念，是在预计的地震持续时间内结构能提供较大的位移，称为延性。位移主要是靠塑性铰的塑性变形来完成转动。何谓塑性变形，通俗地讲，好比橡皮泥怎么捏都只“变形而不破坏”。所谓塑性铰，形象地说，类似于在梁端或柱端的一定范围内安装了一个所谓的弹簧（非弹性变形）来承担塑性变形的区域。通过“弹簧”的压缩变形消化吸收一部分能量来减轻对整体结构的振荡，使竖向构件的抗侧移能力无明显的降低，且继续维持承受重力荷载的能力，避免倒塌，即为结构延性。而塑性铰又是结构延性的重要节点，其分布又决定了结构的屈服机制，使其形成合理的地震作用传递途径，从而实现预期的屈服机制。合理控制结构的非弹性部位，对防止出现关键薄弱的塑性铰耗能部位采取控制措施是重点，而梁柱端箍筋加密则是重要的抗震构造措施之一。

三、设计按铰接，充分利用钢筋的抗拉强度

充分利用钢筋的抗拉强度是指非框架梁支座计算时承受负弯矩，上部非贯通纵筋是按受力筋的方式锚入支座，即直段≥ $0.6l_{ab}$。设计按铰接是指理论上该支座无负弯矩，上部纵筋是按构造方式锚入支座，即直段≥ $0.35l_{ab}$。二者均弯

折 15a。

四、墙肢及构造

墙肢由约束边缘构件（核心区）和扩展区两部分组成。墙肢是剪力墙第二道防线的抗震耗能构件，其根部是塑性铰，故应加强。因此，构造要求扩展区内纵横筋交叉点均设拉筋。当扩展区设置封闭箍筋时，要将箍筋延伸到核心区内，水平筋搭接于墙肢外。

五、钢筋锚固及应用

钢筋混凝土结构中钢筋能够受力，主要是依靠钢筋与混凝土之间的胶粘作用，从而实现应力传递。锚固失败，则结构将丧失承载能力并由此导致结构破坏。虽然影响钢筋锚固力的因素很多，但纵筋进入支座的长度、形式依然是钢筋锚固的主要约束条件。

受拉钢筋锚固长度分为基本锚固长度（非抗震弯锚基本长度 l_{ab} 和抗震弯锚基本长度 l_{abE}）及修正后锚固长度（非抗震修正后直锚长度 l_a 和抗震修正后直锚长度 l_{aE}。前者是在不受任何外部因素作用时的锚固长度，后者是在受外部条件作用下的锚固长度。凡属弯锚形式均采用基本锚固长度；凡属直锚形式均为修正后的锚固长度。

六、抗震框架结构中的柱核心区、柱、梁箍筋加密区不能随意减少

柱核心区的作用是将多个构件连接在一起，在杆件端部提供约束、限制杆件自由度。核心区是结构体系中受力最为集中且受力较为复杂的节点，尤其是在地震往复作用下，几乎含盖了“拉压弯扭剪”力的所有形式，其破坏形态复杂而多样，如混凝土压酥、纵筋压屈、箍筋弯钩拉直张开等。而核心区一旦发生破坏，则与之相连接的构件将成为无约束杆件，失去承载力。因此，提高横向约束能力，箍筋加密是有效措施之一。

框架柱是偏压构件，受弯矩、轴向力和剪力的共同作用，其受弯时的反弯点一般在柱中稍上的位置。由震后研究所得，地震发生时，一般不是因为柱的抗弯强度不够而发生倒塌，而是因为柱的抗剪能力不足先破坏。因此，柱两端配置箍筋加密是对混凝土约束，避免纵筋的受压屈服和有足够的抗剪强度，确保塑性胶的变形能力。

根据震害和试验研究，框架梁端破坏主要集中在 1~2 倍的梁高的梁端塑性铰区范围内，塑性铰区出现竖向裂缝和斜裂缝，在地震往复作用下，竖向裂缝贯通，斜裂缝交叉，混凝土骨料的咬合作用渐渐丧失。为确保塑性铰区混凝土不被破坏，主要靠梁两端箍筋和纵筋的销键栓作用传递剪力，以提高抗剪切的能力，确保梁有足够的塑性转动能力。

七、框架结构梁边支座下部纵向受力筋同时要满足梁纵筋应进入到柱支座尽端和 $\geqslant 0.4l_{aE}$（$\geqslant 0.4l_{ab}$）及弯折后锚固长度为 $15d$

底部纵向筋应进入支座的尽端，主要与压强比和偏心距有关。钢筋进入尽端后的受压面积尽量增大，若受压面过小，其受压面的混凝土因压强增大而被压碎。若压力偏向一侧，其柱的偏心距过大，引起柱的弯矩大，对柱的抗弯能力极为不利。就如一个凳子非要半个屁股坐在沿上，那对这个凳子就是偏心受压，腿子容易弯曲折断的道理类似。尤其是地震往复作用力，梁的纵筋，屈服逐渐深入节点核心，由于纵筋伸入支座长度不够，过早的产生反复滑移现象，节点刚度退化，使框架梁变形增大，降低了梁后期的受弯承载力。此为满足受力方式及抗震的要求

钢筋锚固长度 $\geqslant 0.4l_{aE}$（$\geqslant 0.4l_{ab}$）和弯折后 $15d$ 是通过试验得出的结论。直段长度锚固小于该值，钢筋容易出现滑移，使构件产生较大的裂缝和变形，进而降低了钢筋的锚固能力。弯折后锚固长度为 $15d$ 是利用受力端部 90 度弯钩对混凝土的局部挤压作用，并与直段长度作为一体共同作用增强锚固力。弯前和弯后长度功能各一，“此长彼短”均不允许。否则，会出现纵筋还未拉断时支座处纵筋已被拔出。此为满足纵筋锚固的要求。

八、梁支座是“第一抗震”构件情况下梁端设置箍筋加密

抗震建筑结构中，框架柱、剪力墙是整体结构中的第一道防线的抗震构件，框架梁是第二道防线的抗震耗能构件。框架柱（剪力墙）作为竖向抗侧构件，连接的梁两端为固结，可以在水平地震荷载下传递剪力，由于剪力两端大，故梁端设加密区箍筋。若梁作为支座梁，为支座的梁端无须设置箍筋加密。因此，是否设箍筋加密和梁的类型没关系，而和梁的支座是否是竖向抗侧构件有关。凡是该梁支座是“第一抗震”（框架柱、剪力墙支座为平行剪力

墙身的一端）构件，不论是什么梁其端部均应设置箍筋加密。非框架梁的纵向受力筋的锚固形式同框架。

另外，与剪力墙垂直相交的梁为剪力墙平面外，其刚度及承载力相对很小，截面较小的楼面梁，也可以考虑刚接、半刚接或铰接，是否箍筋加密由设计定。

九、框架结构顶层边柱“支座”问题

从形式上看与层间边柱支座似乎没有什么区别，均以柱为支点，看似“支座”实为“端节点”。其原因是，顶层边柱“支座端”主要承受负弯矩作用，相当于90° 折梁，即钢筋受力要满足承受负弯矩的要求，该端节点柱外侧和梁上部纵筋不是锚固受力的概念，而是属于搭接传力问题，即非“支座”概念。故不允许将柱外侧和梁上部纵筋按支座方式锚固，而是按搭接处理，即梁上部纵筋伸入柱尽端弯至梁底，柱外侧纵筋从梁底算起伸入至柱顶弯折后的总长度 $\geq 1.5l_{abE}$（$\geq 1.5l_{ab}$），即所谓的“梁柱互锚”。或梁上部纵筋伸至柱尽端弯折后的长度$\geq 1.7l_{abE}$（$1.7l_{ab}$），即所谓的“梁锚柱”。

十、地下室外墙与剪力墙的区别

由于两者受力方式不同。地下室外墙一般为平面外受弯构件，主要承受土的侧压力，竖向筋作为主受力筋来抗弯矩，竖向筋在外侧，可充分利用截面有效高度，对受力有利。剪力墙主要是抵抗横向地震作用力的水平剪力，水平筋作为主受力筋来抗剪，水平筋放在外侧，对受力有利。在地下室外墙水平转角处外侧 1/3 和净层高外侧的根部 1/3 处以及内侧竖向跨中的 1/3 的范围内属于非连接区。而剪力墙水平筋与竖向筋则没有此要求。

十一、梁两侧抗扭纵筋与两侧构造纵筋的不同

前者是因梁的剪力出现偏心产生扭矩，是为抗扭矩力而设置的受力筋。后者是当梁高度较大时（≥ 450mm），有可能在梁侧面产生垂直于梁轴线的收缩裂缝，因此设置构造筋。从构造上看，抗扭筋进入支座长度为 La（l_{aE}），钢筋搭接时长度为 l_L（l_{LE}），搭接范围内要加密箍筋；构造筋进入支座长度和连接时长度均为 150mm。

十二、非框架梁两侧配与不配受扭筋时构造上的区别

配有抗扭筋时上部纵筋按充分利用钢筋的抗拉强度锚固在支座内，梁下部纵筋直锚时为 l_a，若弯锚时，且平直段长度 $\geq 0.6l_{ab}$，而非 $\geq 0.4l_{ab}$，箍筋弯折后平直段 $10d$。未配抗扭筋时梁上部纵筋由设计定（$\geq 0.6l_{ab}$ 或 $\geq 0.35l_{ab}$）。下部纵筋进入支座 $12d$。这是因为梁产生了扭矩而对支座锚固提出了更高的要求。

十三、梁柱纵向受力绑扎搭接时要求搭接范围要箍筋加密

绑扎搭接钢筋在受力后存在分离趋势及搭接区混凝土的纵向劈裂，尤其是受弯构件挠曲后的翘曲变形更为明显。因此，要求对搭接连接区域通过箍筋以增强约束。

十四、梁板负弯矩钢筋不能随便踩踏下沉

如果上部负弯矩筋过大下沉，有两种不利的情况出现。一是梁板根部容易出现裂缝。二是由于上部负弯矩筋过大下沉，使负弯矩值减小，无意中增加了梁、板跨的正弯矩，从而降低了梁、板跨中的抗弯承载力。

十五、直螺纹套筒与钢筋级别

剥肋滚扎直螺纹套筒连接钢筋是工程中最常用的连接方式之一。其套筒应符合如下要求。一是套筒实际屈服强度值应≥套筒钢印标示的屈服强度值。二是套筒的规格应符合规范要求。三是套筒钢印标记的屈服强度值应≥被连接钢筋的屈服强度值。

十六、不能擅自用高强度钢筋等面积替换低强度钢筋

其原因是在一般静力设计时，任何结构部位的超强设计都不会影响结构安全。但在抗震设计中，某一部分结构的超强设计和不合理的任意加强，以及在施工过程以大代小，改变配筋，都可能在整体结构造成相对薄弱部位的转移，使具有良好延性结构的屈服机制无法形成，导致构件在有影响的部位发生混凝土的脆性破坏，对结构并不安全。特别是框架柱、梁、剪力墙边缘约束构件等部位。

十七、准确区分基础顶面与嵌固部位

嵌固部位是结构计算时底层柱计算长度的起始位，是竖向构件的结构转换点。嵌固部位的柱下端箍筋加密区为本层柱净高度 1/3，其他部位均按柱净高度 1/6 或柱长边、500mm 三者取其大值。无地下室嵌固部位一般为基础顶面；有地下室时，由设计者明确嵌固部位。

当嵌固部位不在基础顶面时，柱中多出的纵筋（下柱）不应伸至嵌固部位以上进行锚固。这是因为作为上部结构的嵌固部位，框架柱柱底屈服出现塑性铰时，要保证地下一层对应的框架柱不屈服。

十八、剪力墙边框梁或暗梁与连梁重叠时的配筋要求

原则是上下纵筋照设，箍筋一般可不重复设，但取较大值（过梁与圈梁重叠亦如此）。上下纵筋照设主要是基于梁与梁的受力机理不同，框架梁主要功能是承受竖向荷载，是框架柱的耗能构件；连梁主要功能是协助剪力墙承受横向地震荷载，是剪力墙的耗能构件；暗梁并不是梁，是剪力墙的水平线性"加强带"。

十九、混凝土梁纵向受力筋竖向间距不能随意加大

纵筋竖向净间距增大或许对钢筋锚固力有增强，但降低了设计计算时确定的截面有效高度值。二者是“一体两面”，不能“顾此失彼”。因此，任意加大纵筋竖向净间距会降低梁的抗弯承载力。

二十、钢筋弯曲内弧半径的要求

日本通过对螺纹钢筋的弯曲半径混凝土保护层厚度的最小极限所做的试验，对钢筋弯曲半径为 $3d$、$6d$、$10d$ 三种试件进行单方向的反复加荷载的锚固钢筋的滑移，以及钢筋弯曲内的混凝土保护层的破坏影响得出的结论：钢筋内弧半径偏小，使内弧混凝土易被压碎，导致钢筋产生滑移，进而丧失锚固力。

二十一、悬挑梁与构造柱整体现浇的可行性

如果进行空间悬挑梁尽端的柱不属于构造柱，而是梁上柱，但这一小跨度竖向整体悬挑出的框架，整体变形趋势是垂直向下的，因此，各层悬挑梁在非地震状态下的工作状况仍“基本”属于悬挑状态，但在地震作用下会有所不同。即便端部构造柱与梁尽端整浇，因构造柱配筋不大，所以一般不会出现问题。

结语

“非专则不能。”在知识更新迭代加速的当下，固本培元，乃为业之基；固强补弱，乃为业之本。面对楼高、跨大、造型特异、设防烈度高的建筑物，因构造问题酿成的梁、板、柱、墙等裂缝、压碎、变形等“病楼”比比皆是，甚至“危楼”也时有发生。这些问题的出现，多数是与监理人的未知而没做纠正不无关系，潜在的风险显而易见。因此，提升“善为”的实际本领，重视应从认识开始，认识应由学习开始。唯有学习者进，唯有胜任者强。要有以坐不住的危机感深学深研，贴近实际学、瞄着问题学、带着责任学、不断跟进学，将专业知识转化为解决问题的“金钥匙”乃硬道理。否则，易陷入“有意愿，没能力”的困境，进而成为无知无为的“庸者”，看似平静，不过是一剂麻醉精神的“安眠药”；亦或成为无知无畏的“勇者”，看似痛快，不过是一时掩耳盗铃的“自爽”。这无疑是把自己推向犹如“盲人骑瞎马，半夜临深池，摔了跟头，还不知身在何处”的危险境地。

“纷繁世事多元化，击鼓催征稳驭舟。”作为专业“守门”的职业人，监理人没有办法把自己的胜负寄托在变量上，应固化“人得先‘知’而其后‘行’”的意识，强化“知之愈明，则行之愈笃；行之愈明，则知之益明”的能力，树立“做了”只是基本，“做好”才是根本的职业理念。很多时候，“节点”就是风险点，难点就是考点。面对结构构造关键部位不认识的不重视，或只管“做了”，不管“做好”，并遗存“致命”的缺陷亦是监理人不得不重视和防范的另一个结构风险点。正如“火形严，故人鲜灼，水形懦，故人多溺”。

参考文献

[1] 方鄂华．高层建筑钢筋混凝土结构概念设计[M]．第 2 版．北京：机械工业出版社，2014．
[2] 中国有色工程有限公司．混凝土结构构造手册[M]．第五版．北京：中国建筑工业出版社，2016．
[3] 中国建筑标准设计研究院．17G101-11 G101 系列图集常见问题答疑图解[M]．北京：中国计划出版社，2017．

成功源于担当　奋斗成就梦想

——记河南长城铁路工程建设咨询有限公司董事长朱泽州

苏光伟

新疆建院工程监理咨询有限公司

2019年10月1日上午10时，北京天安门广场。

中华人民共和国成立70周年庆祝大会正在隆重举行。

观礼席上的朱泽州难掩内心的激动与自豪。受邀参加国庆70周年阅兵观礼活动，是国家对他这个祖国老兵的认可，鼓励他不忘初心、勇担使命，继续争做中国高铁建设的先锋。

他临危受命，突显军人“敢拼敢干”的本色，力挽公司于危难之中。

他带领他的团队先后承担了国家“八纵八横”高速铁路网及多个高速公路、城市轨道、大型市政工程的监理任务！

他带领他的团队参与了国家“一带一路”项目中老铁路、援建刚果布、巴基斯坦工程项目建设！

他曾先后荣获“河南省五一劳动奖章”和“全国五一劳动奖章”，受到习近平总书记等党和国家领导人的亲切接见，应邀出席了“九三大阅兵”以及国庆70周年的阅兵观礼。

波澜壮阔70载，昂扬奋进新时代。一幕幕的砥砺征程在朱泽州的眼前回旋，映照出新时代发展的华章。

一、不信春风唤不回

2003年底，朱泽州被河南省地方铁路局选中，出任河南省铁路建设总公司的董事长、总经理。当时他年方四十，是全局最年轻的处级干部之一。河南铁建公司，是一家省局下属的多经老企业，冗员多、包袱重。用时任省地方铁路局局长张清源的话说，就是一个无办公场所、无人才、无资金、无设备、无项目的“五无公司”，是一个只能靠承担局内小项目勉强度日的烂摊子。特别是在2003年，公司负债累累，催债、讨账的人几次把公司的大门堵住。当时，职工每月几百元的基本生活费都无法按时发放，该给工地一线员工发的补贴一拖就是小半年，连水电费都拖欠着。那时的公司是举步维艰、内忧外患，走到了破产的边缘。

临危受命！这是他人生的一个重大转折，更是一次艰难的抉择。上任之初，公司上下人心浮动，到处一副懒洋洋地干、慢腾腾地熬，甚至让公司散伙算了的消极状态。要把这么一个“等米下锅”的企业扛起来，他感到担子万分沉重。

“为官避事平生耻”。他自断后路，在到任后的第一次职工大会上，他庄严承诺：豁出命来也要让公司变个样子！如果在一年内不能扭亏为盈，主动辞职！下台走人！

接下来，他开始不断地下基层、进部室，与干部职工交流谈心，到集团公司相关处室求计问策，明晰思路和方向。多次组织职工到外地企业参观学习，到兄弟单位考察观摩，让大家亲眼丈量与兄弟单位之间的差距，分析自身的特点，找到融入市场的切入点。为了拴心留人，他给新分配来的大学生发放住房补贴。临近春节，又借了30万元让前些年从未享受过节日福利的职工也像别的单位一样过了一个祥和的春节。春节期间，还逐户登门到十几位公司班子成员的家中拜年，增进大家之间的情谊。

“忽如一夜春风来”，压在职工心头的“火”终于被点燃了。这时，他及时提出了：一年创业，两年打基础，三年上台阶的奋斗目标！给职工描绘了一个短期的美好愿景。

有利益就得有担当，公司随即出台了目标责任制，分别从公司班子成员、中层干部、一般职工三个层面，按三个档次交纳风险抵押金，签订目标责任书，并在职工大会上郑重承诺：奖不眼红，罚不手软。

心劲上来了，目标明确了，章法也立了，还要有项目啊。适逢2004年年中，几个项目招标在即，那段时间从外部关系的协调，到监督标书的制作，再到最后指挥投标，他像疯了一样不停地忙碌着。有付出就会有回报，公司当年就取得了很好的战果，先后中标河南省内几个施工、设计、监理项目。在公司上下共同努力下，到年底，公司产值、利润、职工收入创下了历史新高，朱泽州也实现了一年扭亏为盈的庄严承诺！

2005年，朱泽州又面临一个更加棘手的选择。局里要求所属多经单位主辅分离，辅业改制。铁建改与不改，改为民营控股还是国有控股，成为朱泽州和他的职工们必须选择的问题。

何去何从，他心潮难平，经过几番思想斗争，最终，为了响应国企改革的号召，为了省局改制工作的大局，他选择了走向民营。在确定股权方案时，他坚持自己不控股，个人仅持不到10%的股份。他说："如果仅仅为自己着想，我可能不会选择民营，改制的最终目的，一是减轻国家负担，二是为企业职工寻求更好的出路。"

一个决定后面，是分裂与挣扎。改制完成后，当"铁交椅""铁饭碗"真的成为历史的时候，一部分干部职工患得患失，信心动摇，工作不在状态。为此，他和领导班子在职工中发起了一浪高过一浪的转变思想观念的教育攻势，在浓厚的教育氛围感染下，职工的思想和行为悄然发生着变化，"开发市场靠大家，创造效益为自己"逐步深入人心，指手画脚的少了，操心找市场的多了，要待遇，摆资格的少了，一心想工作，总想出成果的多了，斤斤计较，相互攀比的少了，讲团结、顾大局、比奉献的多了，公司上下呈现出紧张快干的良好局面。

铁建要想在市场中活下来，必须培育自己的拳头产品！朱泽州看好监理这一块。在升级资质的同时，为了让公司职工早日融入国铁监理的大势中，朱泽州果断地把公司的业务骨干从一些公路项目中抽调出来，全力进军铁路监理市场。

正是这次战略上的转移，吹响了公司向国铁进军的号角，拉开了其在国铁建设市场耕耘开拓的序幕。

在他的带领下，公司市场开发一年迈上一个新台阶，产值和效益逐年攀升。自2006年起，公司先后在云南、贵州、湖北、新疆等地的多条国家高速铁路项目及高速公路项目中中标，并4次与美国哈莫尼公司结成联合体中标高速铁路项目。2013年，公司成功走出国门，承担了巴基斯坦公路项目及刚果布大学城项目的监理任务，2015年又在"一带一路"重点项目中老铁路监理招标中中标，成为全国第一家是由铁总公开招标的境外合资铁路项目中标的监理公司。如今，公司承担过的监理项目已达500多个，其中包括多条干线高速铁路、高速公路、城市地铁项目等国家和地方重点项目以及多个城市的立交高架快速路、城市管网等大型市政项目，监理项目遍布全国20多个省、市、自治区，年产值从几百万元增至近3亿元。

在扩张市场的同时，朱泽州带领大家苦练内功，强力提升项目管理水平。在项目管理上，牢记"服务为先、指导为上、监督检查、整改到位"的16字指导方针；在现场管理上提出了"眼中有问题，脑子有办法，手中有行动，工作有成效"的"四有"工作要求，锻造出了一支忠诚岗位、履职担责、作风过硬的监理团队，他们深入一线、靠前指挥、精于协调、严守底线，保持了监理项目安全质量的有序可控，多个监理站在铁总信誉评价中名列前茅，公司承担监理的工程项目获得多个国家级和省部级奖项，被全国总工会授予全国五一劳动奖状，多次被评为铁道监理协会先进单位，被河南省建设厅评为监理企业20强，2016~2018年连续3年入选住建部全国监理企业100强。

二、衣带渐宽终不悔

在公司职工眼里，朱泽州是个十足的"工作狂"。不论是在人心涣散、危机四伏的公司发展初期，还是在生机初现、稳定发展的今天，他始终践行着"明天的事今天办，今天的事现在办，现在的事立即办"的工作作风。十几年来，他一天恨不得把十天的事都办完，长期奔波在外，协调关系，开发市场，星期天、节假日他照常上班，有时甚至比平时还要忙，整天像一台高速运转的机器在不停工作着。

公司发展之初，由于公司对资质升级的条件和要求不太熟悉，需要向有关部门的同志咨询，为此他往返穿梭于建设厅、交通厅、建设部、铁道部，先后到北京不下20余次。特别是铁道监理甲级资质申报工作进入了冲刺阶段时候，有一次他和公司的同志带着申报资料来到北京，审查完资料后，负责的同志说："你申报资质需要上级主管部门补充资料，经审核批准后，才能进入下一个程序。"此时已是晚上十点多钟，同行的同志给他说："朱总，要不明天咱们回去让省局准备好资料后再来，也不在乎这一两天。"他坚定地说："不行，资质升级分秒必争，明天一定要把资料报上去。"于是他在旅馆里亲自起草拟资料，资料起草完，已是夜里近11点多钟，他和同行的同志就赶到旅馆的复印室，想把资料传真至郑州的公司，没想到复印室已下班关门了，于是他就沿着大街一家一家地找复印社，还是没有找到。最后，他干脆打电话一句一句念给公司办公室的同志，让办公室的同志作好记录再进行修改，务必第二天一上班就到省局行文。忙完这些已是凌晨一点多。最终公司在第二天上午派人将资料送到了北京。

还有一次他正要接待一个合作单位的负责人，突感腹部疼痛难忍，脸色青白，他默不作声，上街买了几片止痛片吃了下去，忍着剧痛接待了客人。下午又照常来到了办公室召开会议，但疼痛仍然持续不断，实在忍不住了，他就到卫生室输了一瓶消炎液，回来后又到办公室继续开会，但疼痛还是不见减轻，同志们劝他赶快到医院检查检查，他说："没事，可能是肠炎。"直到把会议开完，在同志们的劝说下，才到医院检查，到急诊室后经医生检查诊断为肠梗阻。医生埋怨地说："你还要命不要命，再晚几个小时来，就可能造成肠坏死，要动大手术。"匆匆赶来的妻子在一旁心痛地流下了眼泪。

在市场开发中，为了给公司节约成本，他经常当天晚上去新疆，第二天晚上又返回，因为晚上的航班价格比较低。去北京等地出差，为了节约住宿费，经常坐晚上的火车来，又坐晚上的火车回，一年中像这样的情况能有几十次之多。

作为公司领导，他常说，领导就是要担当，担当就要多付出，你偷懒一分，部下就可能偷懒十分，还怎么领着大家干。

点滴见精神，真心换真情。朱泽州的敬业精神让员工都很感动，公司的凝聚力、向心力在潜移默化之中形成了，他始终情系职工，职工对他更是格外尊重。

信其师，则信其道；信其道，则循其步。朱泽州的表率力量，形成了团结进取的企业文化，铸造出了忠于职守、不畏艰难、和谐友爱的企业发展灵魂，他带出了一种精神，带出了一个团队，也带出了一个生机勃勃的企业。

三、一枝一叶总关情

朱泽州是一个心细如丝的人，职工的大事、小事都牵挂着他的心。对年轻同志，他政治上关心，生活上照顾，婚姻上牵线搭桥当红娘，甚至在住宿小事上，他也总是想方设法帮助他们寻找廉价房。职工结婚，只要有空他都亲自到场祝贺；职工亲属去世，他都要安排公司领导前去慰问。

不论是在危机四伏的创业初期，还是在起步腾飞的发挥途中，他始终把职工的利益放在首位。企业改制，没有把一个职工推向社会，没有让一个职工下岗，对每一个职工做到了不抛弃、不放弃。公司效益好了，他首先想到的是职工，多年来公司职工年收入保持 20% 的增长速度，职工每年的收入从几千块钱增长到最低收入 8 万元。

多年来，公司还坚持兑现"决不能让一名职工看不起病，决不能让一名职工子女上不起学，决不能让一名职工生活在当地贫困线以下"的庄严承诺，他带头捐款在公司建立了扶危帮困基金，对家庭困难员工实施了救助。近几年，公司发展了，按公司的激励政策，这几年他自己该得的奖金累计不下几百万，但他没有领取，而是每年都贡献奖励给了职工。在几次地震灾害发生时，他带领公司全体员积极捐款捐物，并多次组织公司全体员工进行公益捐款，大力倡导社会新风尚；近几年，公司聘用的下岗失业人员就达 600 多人。

作为政协委员，他积极履行委员职责，深入了解社情民意，积极参加政协各项活动，撰写高质量提案，累计提交提案、建议达 20 多个，他撰写的"关于加快高铁南站建设的建议""加快郑州轨道交通建设的建议""关于加快推进垃圾分类收集的建议""关于在我市青少年中深入开展'讲好河南故事，争当时代新人'教育活动的建议""关于推进"共享"住宅小区停车位的建议"等多个提案、建议得到了市政府、市委宣传部等相关部门高度重视，提案建议得到了落实。几年来他多次被评为优秀委员，2019 年被授予为郑州市政协"新时代出彩政协人"先锋委员荣誉。

公司的发展成果得到了上级领导的肯定和表彰，成了河南省内国有中小企业改制的典范和标杆企业，并获得了"全国五一劳动奖状"。朱泽州本人也于 2009 年被授予全国五一劳动奖章，并于当年作为河南省劳模代表出席了在人民大会堂举行的表彰大会，受到习近平总书记等党和国家领导人的亲切接见。2015 年 9 月 3 日，被河南省总工会推荐，到北京参加了中国人民抗日战争胜利 70 周年暨世界反法西斯战争胜利 70 周年纪念大会。2017 年 4 月 23 日，应中华全国总工会邀请，朱泽州作为全国 5 名著名劳模代表、报告嘉宾之一在人民大会堂为来自全国各行各业的一千多名来京休养的劳模作了事迹报告，2019 年，又应全国总工会邀请出席了国庆 70 周年庆祝活动。面对荣誉和肯定，朱泽州说：我做了自己该做的工作，党和国家却给了我这么高的荣誉，付出再多都值啦！

作为一个有 30 多年党龄的党员，朱泽州牢记党的嘱托，苦干实干，从不言"不"，以实际行动践行了"不忘初心，牢记使命"的宗旨。他说：企业负责人的初心使命就是要把企业做大做强，与祖国并肩，与团队共荣，乘风破浪，开创更加美好的未来！

浅谈监理企业的拓展之路

陈珂
山东三箭建设工程管理有限公司

摘　要：市场经济的典型特征是竞争，核心竞争力是企业持续发展的基础。企业如何开拓市场，扩大销售是一个企业今后生存与发展的前提，通过对监理企业这一服务性企业的调查研究，列出了服务性监理企业开拓市场的几点思路。

关键词　拓展市场　人才　品牌效应　宣传

从现在监理市场来看，自从国家对建设工程必须强制进行监理以后，近几年来成立了太多的监理公司，虽说建设市场份额不算小，但这么多监理公司分下来，还是不够的，同时由于去年国家对土地进行宏观调控，建设市场逐步形成萎缩的趋势，这样一些实力不强，专业人才不突出的小公司就必然会被市场所淘汰。所以企业要生存发展，还是要想办法开拓市场，扩大销售。

一、确定主要目标市场，以此为核心，向外发展

本公司是监理企业，所以理当将监理放在第一位，以监理业务为主。同时公司所有人员都是长年在进行监理工作，操作起来轻车熟路，但监理业务的专业有很多种，包括：房屋建筑、装饰装潢、市政、桥梁、绿化等。

（一）把握现有市场，开拓边缘市场

首先，公司从成立至今，一直在做房屋建筑市场的监理，所以对这个市场，公司所有的人员都是比较熟悉的，操作起来比较方便。同时这几年下来，公司也有了一定的客户群，有些客户要继续造工程，通常首先会想到公司，也有一些客户，虽然自己不再造工程，但是朋友要造工程了，也会想到公司，把公司推荐给朋友，当然这是建立在公司在对他的工程监理中发挥了重要的作用，帮他严格把关的前提下。其次，可以顺便开拓一下边缘市场，包括绿化装饰装潢的监理市场，这部分市场的资质准入还不是很严，房屋建筑资质也可以进行监理，所以不存在市场准入的问题。而且这部分市场参与竞争的对手相对于房屋建筑来说要小一些，并且风险要小一些，而利润却要相对高一些。现在政府和企业，都相当重视生态环境，所以绿化工程相当多，也就是公司对绿化的监理业务也相应增加；另外，许多政府机关的办公场所的装饰使用年限已差不多了，都需进行重新装修了，对公司装饰装潢监理市场而言又增加了市场。

（二）提升企业资质，开拓新市场

引进人才，内部挖潜，把公司的企业资质范围扩大、提高，现在具有市政工程资质的监理企业还不是很多，资质升上后，选择的机会就多了，同时投标时得分就高，中标的机会就高。市政工程项目是监理行业中产出率最高的工程，由于它的工程造价高，工期短，同样的人才、物力，产出就会比房屋建筑许多。现在道路的造价相当高，几公里的道路，往往要几千万的造价，而且现

在道路施工都是机械化施工，工期相当短，所以监理的成本也就相对来说要低一些。由于现在国家正处在大发展的阶段，所有发展都是市政先行，每年政府在市政上的投入，数以亿计。所以市场份额还是比较大的，而且并不是所有监理公司都有市政资质的，市场竞争总的来说比房屋建筑小一点。公司只要稍微分一杯羹，就是不小的业务量了。

（三）与国际接轨，进入设备监理市场

随着国家和地方基建、技改工程建设规模不断扩大，投资项目越来越多，设备投资在总投资中所占比重也逐年攀升。

设备工程建设的投资额度大，技术复杂，质量要求高，工程进度强度高，工程协调与控制管理极为复杂，绝大多数项目的投资者或业主往往不具备适应上述情形的管理控制能力，需要通过市场采购技术、管理控制等咨询服务。因此，国家以及其他投资方迫切需要一支对工程建设进行全面管理的社会化、专业化单位，建设单位也需要专业化的技术服务单位对其工程建设进行全面管理，以避免盲目建设和组织管理不当造成建设资金的浪费，减少工程质量隐患。

在发达国家，设备工程监理市场的主体往往由设备监理单位与业主、承包商共同组成。与此同时，设备工程监理市场体系还包括其他中介组织，如行业协会、专业会计师事务所、审计师事务所、仲裁机构、招投标代理公司等。

在建立和推行设备监理制度的进程中，除了需要在政府相关管理部门的指导和监督管理下精心培育设备工程市场，确立设备监理单位在该市场中的主体地位以外，还必须完善监理中介服务机构，使之能具备匹配主体的水平，为设备监理提供优质服务，由此共同培育设备工程监理这一新兴、前景美好的市场。设备工程监理事业在中国处于起步阶段，培育设备工程监理市场是建立和推行设备工程监理制度的核心基础与关键环节，这也是市场经济的客观要求。可以说，如果培育不起市场，市场秩序不规范，就无从谈起设备工程监理制度的建立与推行。

二、瞄准关联市场，多角化经营

在建筑市场中，招标代理，造价咨询设计，勘探企业与监理企业一样，同样也是属于服务性行业，而招标代理，造价咨询的工作与监理工作的很多内容也是相同的，监理企业的很多人员都具有全国注册造价师与预决算证书，所以要充分利用这些人力资源，开拓招标代理、造价咨询的市场，同时，这些业务的开展，不仅可以扩大本企业的市场，同时可以降低企业成本，从最简单的一点来说，原来与客户沟通，只可以谈监理一个业务，而现在可以谈招标代理、造价咨询、监理三项业务，成功的机会也增大了，同时，公司技术人员可以身兼几职，像招标代理部门除了负责招标代理事项外，还包括负责监理工程的投标工作；一些双注册的高级人才，监理业务忙时可以担任总监，空的时候可以到公司负责造价咨询，这样多方利用也降低了成本。从利润率来计算，招标代理部、造价咨询部的利润率要比监理部的利润率高得多。

三、注重品牌效应，创建名牌企业

现在的社会，是注重品牌效应的社会，企业要创品牌、创名牌，才能立于不败之地，现在监理市场中，鱼目混珠，浑水摸鱼的很多，有挂靠的，有承包的，还有些小公司，这些企业人员短缺，实力不足，却把整个市场搞得一团糟，造成了负面影响，很多业主都对监理企业不信任，而公司必须对所承监的每个项目都严格监理热情服务，要做一个项目就给业主留下一个美好的印象，这样，他也会向其他要建造工程的朋友推荐，公司很多项目都是这样承接的，而且这种推荐方式签约的机会比较大，因为推荐的人一般都是比较要好的朋友，相互之间比较信任。

而且，一个企业创出品牌以后，很多大的项目的业主都会把品牌公司作为优选目标，在同等条件下，公司中标的机会就会比其他公司大。所以要求以工程形象为标志，以科技进步为依托，以经营开拓为延伸，以企业发展战略为蓝图，努力打造企业品牌。

（一）树立强烈的品牌意识。在公司建立初始，就有意识地开展了树企业品牌的工作，包括企业品牌标识工作，工程形象工作、产品标志工作，不仅仅是具体工作，企业还站在树战略的“大品牌”高度，提出要树立监理产业的品牌，树立建筑工程品牌，并通过宣传、教育、管理，深化和强化员工品牌意识。

公司认为品牌是企业生产经营符合市场需求的综合标志，是企业管理水平、营销水平、科技水平的全面体现，品牌是企业通过服务给予消费者或客户的一项重要承诺，作为联系企业与消费者的无形纽带，知名品牌在一定程度上代表着市场的权力和商业利润，它被公认为是企业生存和成功的关键因素。

（二）打造“双高”（高速度，高质量）品牌工程监理企业的产品就是服务及工程，精品的工程是企业品牌最重要的基础，质量的高低决定品牌的价值。高质量、铸精品、出名品已成为建设监理、施工企业市场取胜共同追求的目标。同时现在的市场，时间就是金钱，业主不仅要质量达优，而且十分注重工期。对监理单位来讲，今天的服务，就是明天的市场。质量和进度一旦出现问题，就会使企业“一抹黑”，信誉扫地，效益受损。更重要的是会使企业在承揽任务和其他工作上陷入非常被动的困境，使拓展市场的百般努力前功尽弃。监理企业要树品牌，就要和建筑企业共同打造“双高”品牌工程。只有“双高”，业主才能满意；只有“双高”，业主和施工单位才能都出效益，达到双赢。

四、加快引进人才步伐，注重员工素质培训

“天下无贼”中葛优讲了一句话，21世纪最贵的是什么？是人才！提升核心竞争力的最主要方向是人才培养，特别是专家级的管理团队的培养。

企业核心领导层以及企业各部门领导者组合生产要素的能力、整合能力、应变能力、抗风险能力、创新能力的培养，是提高企业核心竞争力的重要资源。人才是企业竞争的主要力量，服务性行业尤其如此，像监理公司主要利用人力资源创造效益，有好的人才大家都要抢，没有能耐的人是谁也不要的。监理公司专家级的人才就是全国注册的监理工程师、造价师、咨询师等。公司需要专家级的人才，也需要能在工程上老老实实整理资料的人，所以，各种人才要兼顾。同时在公司内部也要实行优胜劣汰，好的人才要重点培养，予以嘉奖，而那些没有才能，有时又自以为是的，要坚决清除，不能留有害群之马，因为监理这个行业有可能做坏一个工程便失去一大片市场，公司以前也曾碰到过这些情况，而失去以后要打进去是相当困难的。

五、利用各种有效手段，进行广告宣传

监理公司虽不像一些零售企业，需要作大量广告进行宣传，但适当的广告还是必需的，主要是广告的方式要恰当，能达到事半功倍的效果。

作好企业的广告宣传和加强企业公共关系，关系到企业的对外发展规划，也是通过实施企业文化而把企业与外部联系的一个途径。把企业介绍到市场中去是开展市场竞争关键的第一步。企业在有效实施了企业宣传后，整体上应该有个全新的变化，要及时地把这种变化信号传输到市场中去，传输到每个建设单位中去。

企业宣传包括企业的画册简介、广告宣传、企业推介等内容，宣传资料要印刷精美、现代感强，内容真实、丰富、详细，避免出现“华而不实”或“平淡俗套”的现象，因为很多客户都是通过宣传资料认识并且对企业有好感的。另外，公共关系策划的合理有效利用，对企业有着非同寻常的效果，也许一个企业费很大劲想获得市场对自己的好感，不如有计划地进行某个项目策划。如可以策划企业参加一些公益性活动，免费为周期短、技术要求低的公益性项目、慈善项目来进行建设监理，作为监理企业既获得相关业绩、锻炼了技术人员，又树立了企业健康、良好的形象，从而为企业在市场中赢得良好的口碑和市场形象。

参考文献

[1] 林民书．中小企业的生存及其发展问题研究[M]．北京：中国国际广播出版社，2002．
[2] 符正平．中小企业集群生成机制研究[M]．广州：中山大学出版社，2004（12）．
[3] 胡渡南．以科学规划引领产业集群发展[J]．开放潮，2004（11）．
[4] 周裕惠．发展产业集群需谨防“误区”[J]．开放潮，2004（11）．
[5] 林民书．应高度重视产业集群内在制度的建立[J]．开放潮，2004（11）．

走一条没有人走过的路

方大国际工程咨询股份有限公司

摘　要：方大国际工程咨询股份有限公司董事长李宗峰带领企业不走寻常路，建立独特企业文化底蕴，是唯一一家中标国庆70周年大典交通设施项目监理部分的监理单位，被河南省监理协会评为“特殊贡献监理单位”。

关键词　国庆70周年大典　交通设施监理

2019年8月30日，方大国际工程咨询股份有限公司经过公开招标，中标930交通设施项目监理部分工程监理项目，并于9月16日与业主单位北京市公安局公安交通管理局签订监理合同。承担北京市公安局公安交通管理局930工程相关的交通标志、隔离护栏等设施的拆除、恢复、移位、临时存放管理等监理工作；交通标志版面设计、隔离护栏加工制作、安装、移动等监理工作；临时管制设施购置、配送、码放工作，防撞护栏拆除、恢复、油饰工作等的综合监理工作。中标人需要按照采购人相关工作对施工单位的各项工作开展质量控制、数量控制、进度控制、资金控制、现场管理等监理工作。

经过23天的不懈努力与认真工作，项目监理部按计划圆满完成了该项目监理工作，保障了70周年阅兵期间首都的交通出行。方大咨询作为该项目唯一的监理单位，受到了北京市公安局公安交通管理局的高度肯定与认可。被河南省监理协会评为“特殊贡献监理单位”。

方大国际工程咨询股份有限公司创立于2007年，在董事长李宗峰带领下，以稳健的步伐、开放的姿态，持续发展、不断创新，致力于为客户、员工、社会创造更大价值。公司立足中原，辐射全国。历经13年的发展，从起步时二三十人，到目前同期拥有员工1500余人，在全国15省行政区内设立40余家分支机构，只用了短短12年，被业界称为方大速度。公司具有房屋建筑工程监理综合资质、工程造价咨询甲级资质、中央投资项目招标代理甲级、建设工程招标代理甲级、政府采购招标代理甲级及人防工程监理乙级等资质，是河南省工程管理领域首家新三板挂牌且连续三年进入创新层的企业、高新技术企业、河南省建筑业骨干企业（监理类）、全国首届“招标代理机构信用评价3A级”企业、“招标代理机构诚信创优5A级”企业、河南省“十佳智慧管理卓越企业”。连年荣获国家、省、市先进单位等荣誉。

一个企业的核心竞争力，无不根植于其独特的企业文化中。方大企业文化中尤其注重员工的成长和培养，公司组建干部研修班，定期组织集体学习、培训，鼓励员工终身学习，使每位员工认识到只有不断地努力学习新知识，才能使自我价值得到提升和发展。让方大人在方大文化中不断茁壮成长，始终保持队伍高效的战斗力。

坚守企业初心，担当社会重任。方大咨询深知企业真正的成功不仅仅是为自身创造价值，更肩负着时代使命感与社会责任感。落实到岗位上、体现在行动中。2013 年 9 月 25 日，方大咨询发起成立了春晖慈善基金，并完成了在河南慈善总会的登记备案。近 6 年来，春晖慈善基金在社会各界人士的支持与参与下，共募集资金 90 余万元，捐赠总支出 70 余万元，先后资助鲁山县、禹州市、襄城县、兰考县、洛宁县、修武县及河南建筑职业技术学院等地区及学校的困境儿童、困境学子、70 岁以上困境老人 450 余人。慈善的路还很长，方大人愿做那缕微光，给那些被阳光遗忘的角落，也给自己的内心。让每个员工不仅成为优秀的方大人，更成了社会中传递正能量的火炬手。

党建强，企业兴。方大咨询为客户创造价值、回馈社会的同时，将党建文化嵌入企业的经营管理与企业文化建设之中，做中国共产党坚定的追随者。2019 年 1 月成立方大咨询党支部，贯彻习近平新时代中国特色社会主义思想和十九大精神，学习和重温党的历史，就政治思想、工作作风、党性修养相互交换意见，并开展必要地批评和自我批评，相互帮助，互相监督，统一思想，增强团结，高度保持队伍的纯洁度和统一性，坚定保持着党组织在企业中的政治核心地位，充分发挥党组织的领导示范带头作用。

13 年来的高速发展，源于方大人对自己核心价值观的认知、坚守和笃行。以公正坦率的态度面对客户、同仁、同事，以言信行果的准则对待作出的承诺，书写“正直”；永远充满激情，在不断学习中成长、进步前行，勇于挑战，敢于尝试，在突破中践行“进取”；始终将为员工、为客户、为社会创造价值作为不懈追求，以共享共担、互惠共赢的原则来处理对外对内的一切问题，并以春晖慈善基金作为载体，坚持不懈地履行社会责任，诠释“共生”。

恪守本分，认真做事不出格；大胆突破，持续探索新发展。面对明天，方大人将以一如既往的热情、专注、持续行业深耕。在未来的征程上，方大咨询坚持与时俱进，以共创共享为出发点，做好当下自己，坚定走好每一步，本着精品加规模的战略思想，做中国工程咨询行业的领跑者，为国家和地方经济作出积极贡献，为共建幸福、和谐、美好的世界而持续努力，以身体力行的实践走创新发展之路。

附：930 项目监理现场工作简介

1. 2019 年 9 月 25、26 日，召开 930 项目计划专题会，为项目推进与实施提出建设性意见，制定并确认相关监理规划及实施细则，确保项目顺利进行，为 70 周年活动提供保障。

2. 2019 年 9 月 27 日晚，开始进入现场工作，对庆祝活动花车行进路线中的中心护栏挪移和交通标识标牌拆除实施监理，主要路段包括王府井大街、东安门大街、北河沿大街、地安门东大街、地安门外大街、鼓楼西大街、旧鼓楼大街、北二环辅路、鼓楼外大街和北辰路等，全程 10 公里。

3. 2019 年 9 月 28 日晚，监理部人员集结到位，全员上路熟悉长安街和前门大街沿线各标段施工前现状。长安街段全程 13 公里，前门大街全程 5 公里。

4. 2019 年 9 月 29 日晚，为保障阅兵和游行群众进出，长安街沿线开始拆除便道护栏，前门大街沿线机非护栏挪移。

5. 2019 年 9 月 30 日 21：30~23：00，对长安街和前门大街沿线中心护栏进行拆除和挪移，保证阅兵准备工作按计划进行。主要工作是监督道路施工安全设施设置是否到位、施工人员和车辆等设备是否按计划时间到达集结点、能否按计划时间完成工作并撤离到备勤点、对施工工程量进行计量、检查备勤点的值班和备勤状况等。在大家的共同努力下，按计划圆满完成当天工作任务，保障了阅兵和群众游行的准备工作顺利开展。

6. 2019 年 10 月 1 日，监理部全体人员准时备勤。10 月 2 日凌晨 1：30~5：00，恢复长安街和前门大街沿线中心护栏，保证当天的交通和游客有序通行。主要工作是督道路施工安全设施设置是否到位、施工人员和车辆等设备是否按计划时间到达施工点、能否按计划时间完成工作并保证施工质量、对施工工程量进行计量等。

7. 2019 年 10 月 2~5 日每天 23：00~ 次日 5：00，主要工作是将长安街沿线的白色中心护栏更换成金色防撞护栏，恢复长安街沿线及支线的机非护栏，恢复二环内长安街沿线的大型标识标牌。

8. 2019 年 10 月 6~10 日每天 23：00~ 次日 5：00，主要工作是将长安街二环外白色中心护栏更换成金色防撞护栏，恢复金色机非护栏；恢复二环外长安街沿线的大型标识标牌；恢复西城区、东城区、朝阳区等相关路段的护栏和标识标牌。

《中国建设监理与咨询》征稿启事

《中国建设监理与咨询》是中国建设监理协会与中国建筑工业出版社合作出版的连续出版物，侧重于监理与咨询的理论探讨、政策研究、技术创新、学术研究和经验推介，为广大监理企业和从业者提供信息交流的平台，宣传推广优秀企业和项目。

一、栏目设置：政策法规、行业动态、人物专访、监理论坛、项目管理与咨询、创新与研究、企业文化、人才培养等。

二、投稿邮箱：zgjsjlxh@163.com，投稿时请务必注明联系电话和邮寄地址等内容。

三、投稿须知：

1. 来稿要求原创，主题明确、观点新颖、内容真实、论据可靠；图表规范、数据准确、文字简练通顺，层次清晰、标点符号规范。

2. 作者确保稿件的原创性，不一稿多投、不涉及保密、署名无争议，文责自负。本编辑部有权作内容层次、语言文字和编辑规范方面的删改。如不同意删改，请在投稿时特别说明。请作者自留底稿，恕不退稿。

3. 来稿按以下顺序表述：①题名；②作者（含合作者）姓名、单位；③摘要（300 字以内）；④关键词（2~5 个）；⑤正文；⑥参考文献。

4. 来稿以 4000~6000 字为宜，建议提供与文章内容相关的图片（JPG 格式）。

5. 来稿经录用刊载后，即免费赠送作者当期《中国建设监理与咨询》一本。

本征稿启事长期有效，欢迎广大监理工作者和研究者积极投稿！

欢迎订阅《中国建设监理与咨询》

《中国建设监理与咨询》面向各级建设主管部门和监理企业的管理者和从业者，面向国内高校相关专业的专家学者和学生，以及其他关心我国监理事业改革和发展的人士。

《中国建设监理与咨询》内容主要包括监理相关法律法规及政策解读；监理企业管理发展经验介绍和人才培养等热点、难点问题研讨；各类工程项目管理经验交流；监理理论研究及前沿技术介绍等。

《中国建设监理与咨询》征订单回执（2020 年）

<table>
<tr><td rowspan="3">订阅人信息</td><td>单位名称</td><td colspan="4"></td></tr>
<tr><td>详细地址</td><td colspan="2"></td><td>邮编</td><td></td></tr>
<tr><td>收件人</td><td colspan="2"></td><td>联系电话</td><td></td></tr>
<tr><td>出版物信息</td><td>全年（6）期</td><td>每期（35）元</td><td>全年（210）元/套
（含邮寄费用）</td><td>付款方式</td><td>银行汇款</td></tr>
<tr><td colspan="6">订阅信息</td></tr>
<tr><td colspan="6">订阅自2020年1月至2020年12月，＿＿＿＿＿套（共计6期/年）　　付款金额合计￥＿＿＿＿＿＿＿＿＿＿元。</td></tr>
<tr><td colspan="6">发票信息</td></tr>
<tr><td colspan="6">□开具发票（电子发票由此地址 absbook@126.com 发出）
发票抬头：＿＿＿＿＿＿＿＿＿＿　纳税人识别号：＿＿＿＿＿＿＿＿
发票类型：一般增值税发票
接收电子发票邮箱：</td></tr>
<tr><td colspan="6">付款方式：请汇至“中国建筑书店有限责任公司”</td></tr>
<tr><td colspan="6">银行汇款 □
户　名：中国建筑书店有限责任公司
开户行：中国建设银行北京甘家口支行
账　号：1100 1085 6000 5300 6825</td></tr>
</table>

备注：为便于我们更好地为您服务，以上资料请您详细填写。汇款时请注明征订《中国建设监理与咨询》并请将征订单回执与汇款底单一并传真或发邮件至中国建设监理协会信息部，传真 010-68346832，邮箱 zgjsjlxh@163.com。

联系人：中国建设监理协会　王月、刘基建，电话：010-68346832

中国建筑工业出版社　焦阳，电话：010-58337250

中国建筑书店　王建国、赵淑琴，电话：010-68344573（发票咨询）

《中国建设监理与咨询》协办单位

 北京市建设监理协会 会长：李伟	 中国铁道工程建设协会 副秘书长兼监理委员会主任：麻京生	 中国建设监理协会机械分会 会长：李明安	 京兴国际工程管理有限公司 执行董事兼总经理：陈志平
 北京兴电国际工程管理有限公司 董事长兼总经理：张铁明	 北京五环国际工程管理有限公司 总经理：汪成	 中国水利水电建设工程咨询北京有限公司 总经理：孙晓博	 鑫诚建设监理咨询有限公司 董事长：严弟勇　总经理：张国明
 北京希达工程管理咨询有限公司 总经理：黄强	 中船重工海鑫工程管理（北京）有限公司 总经理：姜艳秋	 中咨工程建设监理有限公司 总经理：鲁静	 北京赛瑞斯国际工程咨询有限公司 总经理：曹雪松
 中核工程咨询有限公司 董事长：唐景宇	 天津市建设监理协会 理事长：郑立鑫	 河北省建筑市场发展研究会 会长：蒋满科	 山西省建设监理协会 会长：苏锁成
 山西省煤炭建设监理有限公司 总经理：苏锁成	 山西省建设监理有限公司 名誉董事长：田哲远	 山西协诚建设工程项目管理有限公司 董事长：高保庆	 山西煤炭建设监理咨询有限公司 执行董事、经理：陈怀耀
 华电和祥工程咨询有限公司 党委书记、执行董事：赵羽斌	 太原理工大成工程有限公司 董事长：周晋华	 山西震益工程建设监理有限公司 董事长：黄官狮	 山西神剑建设监理有限公司 董事长：林群
 山西省水利水电工程建设监理有限公司 董事长：常民生	 晋中市正元建设监理有限公司 执行董事兼总经理：李志涌	 陕西中建西北工程监理有限责任公司 总经理：张宏利	 中泰正信工程管理咨询有限公司 总经理：董殿江
 吉林梦溪工程管理有限公司 总经理：张惠兵	 沈阳市工程监理咨询有限公司 董事长：王光友	 大保建设管理有限公司 董事长：张建东　总经理：肖健	 上海市建设工程咨询行业协会 会长：夏冰
 上海建科工程咨询有限公司 总经理：张强	 上海振华工程咨询有限公司 总经理：梁耀嘉	 上海市建设工程监理咨询有限公司 董事长兼总经理：龚花强	 上海同济工程咨询有限公司 董事总经理：杨卫东
 青岛信达工程管理有限公司 董事长：陈辉刚　总经理：薛金涛	 山东胜利建设监理股份有限公司 董事长兼总经理：艾万发	 江苏誉达工程项目管理有限公司 董事长：李泉	 江苏建科建设监理有限公司 董事长：陈贵　总经理：吕所章
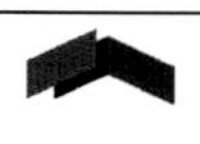 连云港市建设监理有限公司 董事长兼总经理：谢永庆	 江苏赛华建设监理有限公司 董事长：王成武	 江苏中源工程管理股份有限公司 总裁：丁先喜	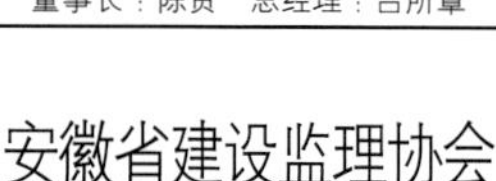 安徽省建设监理协会 会长：陈磊
 合肥工大建设监理有限责任公司 总经理：王章虎	 浙江江南工程管理股份有限公司 董事长总经理：李建军	 浙江华东工程咨询有限公司 董事长：叶锦锋　总经理：吕勇	 浙江嘉宇工程管理有限公司 董事长：张建　总经理：卢甬
 浙江求是工程咨询监理有限公司 董事长：晏海军	 甘肃省建设监理有限责任公司 董事长：魏和中	 福州市建设监理协会 理事长：饶舜	 厦门海投建设监理咨询有限公司 法定代表人：蔡元发　总经理：白皓

《中国建设监理与咨询》协办单位

贵州三维工程建设监理咨询有限公司

贵州三维工程建设监理咨询有限公司是一家专业从事建设工程技术咨询管理的现代服务型企业。公司创建于 1996 年，注册资金 800 万元，现具备住建部工程监理综合资质、工程造价咨询甲级资质、工程招标代理甲级资质；交通部公路工程监理甲级资质；国家人防办人防工程监理甲级资质；贵州省住建厅工程项目管理甲级资质。可在多行业领域开展工程监理、招标代理、造价咨询、项目管理、代建业务。

公司现拥有各类专业技术及管理人员逾 800 人，其中各类注册执业工程师达 200 人。多年来承担了近千项工程的建设监理及咨询管理任务，总建筑面积逾千万平方米，其中数十项获得国家、省、市优质工程奖，有 5 个项目荣获国家"鲁班奖"(国家优质工程)。

公司先后通过了 ISO 9001 ：2000 质量管理体系认证，ISO 14000 环境管理体系认证，GB/T 28001-2001 职业健康安全管理体系认证。连续多年获得"守合同、重信用"企业称号，获得过国家建设部（现住建部）授予的先进监理单位称号，中国建设监理协会授予的"中国建设监理创新发展 20 年工程监理先进企业"称号，贵州省建设监理协会多次授予的"工程监理先进企业"称号。公司是中国建设监理协会理事单位、贵州省建设监理协会副会长单位。

三维人不断发扬"忠诚、学习、创新、高效、共赢"的企业文化精神，致力于为建设工程提供高效的服务，为客户创造价值，最终将公司创建成为具有社会公信力的百年企业。

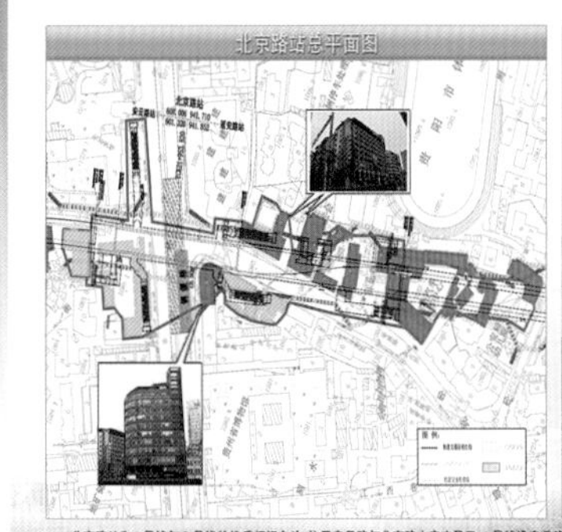
贵阳市轨道交通 1 号线

贵阳大剧院

贵阳大剧院，建筑面积 36400m^2，是一个以 1498 座剧场和 715 座的音乐厅为主的文化综合体，是贵阳市城市建设标志性建筑。项目荣获 2007 年度中国建筑工程鲁班奖（国家优质工程），同时是贵州省首个获得中国建设监理协会颁发"共创鲁班奖工程监理企业"证书的监理项目。

贵阳国际生态会议中心

贵阳国际生态会议中心是国内规模最大、设施最先进的智能化生态会议中心之一，可同时容纳近万人开会。通过美国绿色建筑协会 LEED 白金级认证和国家绿色三星认证。工程先后获得"第八届中国人居典范建筑规划设计竞赛"金奖 2013 年度中国建设工程鲁班奖（国家优质工程）等奖项。

贵州省镇胜高速公路肇兴隧道

贵州高速公路第一长隧，全长 4752m，为分离式左右隧道

贵州省思剑高速公路舞阳河特大桥

贵州省电力科研综合楼

贵州省电力科研综合楼，坐落于贵阳市南明河畔，荣获 2000 年度中国建筑工程鲁班奖（国家优质工程），是国家推行建设监理制以来贵州省第一个获此殊荣的项目。

贵州省人大常委会省政府办公楼

贵州省人大常委会省政府办公楼，位于贵阳市中华北路，荣获 2009 年度中国建设工程鲁班奖（国家优质工程）。项目从拆迁至竣工验收，实际工期 377 天，创造了贵州速度，是贵州省工程项目建设"好安优先、能快则快"的典型代表。贵州省人大常委会办公厅、贵州省人民政府办公厅联合授予公司"工程卫士"荣誉锦旗。

贵州省委办公业务大楼

贵州省委办公业务大楼位于南明河畔省委大院内，建筑面积 55000m^2，荣获 2011 年度中国建设工程鲁班奖（国家优质工程），中共贵州省委办公厅授予公司"规范监理、保证质量"铜牌。

下图：铜仁机场

铜仁凤凰机场改扩建项目位于贵州省铜仁市大兴镇铜仁凤凰机场内，建筑面积为 20000m^2（含国内港和国际口岸），为贵州省首个开通国际航线的地州市级机场。

贵州建工监理咨询有限公司

Guizhou Construction Supervision&Consulting Co.Ltd

“贵州建工监理咨询有限公司”原为贵州省住房和城乡建设厅下属“贵州建筑技术发展研究中心”于一九九四年六月成立的“贵州建工监理公司”，一九九六年经建设部审定为甲级监理企业，是贵州省首家监理企业、首家甲级监理企业、首批诚信示范企业、贵州省建筑企业100个骨干企业。公司注册资本800万元人民币，一九九四年加入中国建设监理协会，系中国建设监理协会理事单位。二零零一年加入贵州省建设监理协会，系贵州省建设监理协会副会长单位。从二零零六年至今连续荣获贵州省“守合同、重信用”单位称号，并荣获全国“先进工程建设监理单位”称号。2015年1月由贵州省住房和城乡建设厅、贵州省统计局评选为“贵州省建筑业100个骨干企业”，2017年2月，由贵州省诚信建设促进会和贵州省发展改革委员会评选为“贵州省诚信示范企业”。一九九九年十二月通过ISO9001国际质量认证，是贵州省首家通过ISO9001国际质量认证的监理企业，二零零七年三月完成企业改制工作，现为有限责任公司。

公司业务及资质范围包括：工业与民用工程监理甲级、市政公用工程监理甲级、工程项目管理甲级、工程造价咨询甲级、工程招标代理甲级、机电安装工程乙级、公路工程监理乙级、水利水电工程监理乙级、地质灾害防治工程监理乙级、人防工程监理乙级、地质灾害危险性评估丙级。先后在全国各地承接项目3500余项，已完成监理项目3000余项，总监理面积超过1亿平方米，已完成监理工程总面积8000余万平方米。

公司现有1000余名具有丰富实践经验和管理水平的高、中级管理人员和长期从事工程建设实践工作的工程技术人员。此外，公司还拥有一批贵州省住房和城乡建设厅、相关行政事业单位退休返聘的知名专家和学者，人员素质高、能力强，在专业配置、管理水平、技术装备上都有较强的优势，并且成立了各个专业的独立专家库。公司通过多年的技术及经验积累，会同公司专家共同编撰了《监理作业指导纲要汇总》《项目监理办公标准化》《建筑工程质量安全监理标准化工作指南》《建设工程监理文件资料编制与管理指南》《监理工作检查考评标准化》《监理工作手册》等具有知识产权的技术资料，公司还使用GPMIS监理项目信息管理系统软件、BIM项目管理信息系统开展监理工作，能够随时为建设单位和施工单位解决工程中出现的各种技术问题，并为建设单位提供切实可行的具有针对性的合理化建议和实施方案。

在今后的发展过程中，我们将以更大的热忱和积极的工作态度，整合高素质的技术与管理人才，不断改进和完善各项服务工作，本着“诚信服务，资源整合，持续改进，科学管理”的服务方针，竭诚为广大建设单位提供更为优质的服务，并朝着技术一流、服务一流、管理一流的现代化服务型企业而不懈努力和奋斗。

工程名称：贵定卷烟厂易地技术改造项目
工程地点：贵定县城北工业园区宝花村片区州农科所科研实验田地块及周边范围

工程名称：红果体育场
工程地点：六盘水市盘县红果经济开发

工程名称：遵义会议陈列馆改扩建工程
工程地点：遵义市子尹路96

工程名称：贵阳北站站前西广场和贵阳市火车北站疏解线市政配套工程
工程地点：观山湖区甲秀北路（西二环）东

工程名称：中天·未来方舟
工程地点：贵阳市云岩区水东

工程名称：中天会展城TA-1/TA-2/TB-1(超高层)
工程地点：贵阳市观山湖区长岭南路与关山路西北角

工程名称：万丽酒店（金元集团金阳五星级）
工程地点：贵阳市观山湖区迎宾路

工程名称：遵义信合大厦
工程地点：遵义市汇川区北海路中段

工程名称：贵安新区百马路道路工程
工程地点：贵安新

背景图：
工程名称：贵阳孔学堂工程
工程地点：贵阳市花溪区

河南建达工程咨询有限公司

河南建达工程咨询有限公司是1993年成立的郑州大学全资控股企业，主要承接工程项目管理、项目代建、工程监理、招标代理等业务。

公司以郑州大学的教授学者为专家顾问，同时公司内部成立了专家库、特殊人才库等组织，搭建了一个交流、学习、互动的平台。公司拥有注册监理工程师、注册造价工程师、注册建造工程师百余人，各类技术人员做到100%持证上岗。

作为河南省首批建设工程项目管理和工程代建试点企业，公司先后承担了中共郑州市委党校迁建工程、中共河南省委党校新校区工程代建工作；近年又承接了中原证券营业大楼、中原信托金融大厦等多项工程项目管理相关业务。公司被河南省住建厅确定为“2017—2020年度全省重点培育建筑类企业”（全过程工程咨询服务为方向），积极探索全过程工程咨询服务之路。

公司连续多次获得全国先进监理企业称号，先后有20余项工程荣获鲁班奖、国家优质工程奖、国家市政金杯奖、全国建筑工程装饰奖等国家级奖励。

公司积极推进了BIM技术的研究和学习，成立了BIM技术研发工作室，并将成果应用于各类项目管理工程和监理工程中。

公司在20多年的发展过程中积累了丰富的管理经验，制定了一整套管理制度，使用项目信息化管理系统，工作做到了科学化、规范化、信息化。

地　址：郑州市文化路97号郑州大学北校区内
邮　编：450002
电　话：0371-63886373
网　址：www.jianda.cn

郑州市京广快速路工程（鲁班奖）

河南省体育中心体育场（国家优质银奖）

中共河南省委办公楼（国家优质奖）

河南省人民医院病房楼（国家优质奖）

金沙湖

中原信托项目管理工程

背景：河南省省委党校新校区代建工程

无锡银辉广场

桑田岛

无锡茂业城

无锡硕放机场

无锡太湖饭店

江苏省中医院

盛高地产金匮里

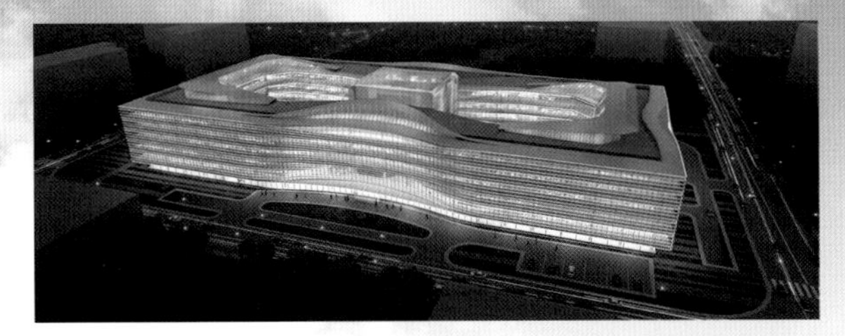

新浪总部大楼（美国绿色建筑 LEED 铂金级预认证）

富力国际公寓（中国建设工程鲁班奖）

邯郸美的城（河北省结构优质工程奖）

北京富力城（北京市结构长城杯工程金质奖）

智汇广场（广东省建设工程优质奖）

国贸中心项目（2 标段）（广东省建设工程优质结构奖）

广州市荔湾区会议中心（广州市优良样板工程奖）

联投贺胜桥站前中心商务区（咸宁市建筑结构优质工程奖）

广骏监理

广州广骏工程监理有限公司

广州广骏工程监理有限公司成立于 1996 年 7 月 1 日，是一间从事工程监理、招标代理等业务的大型综合性建设管理企业。公司现有员工近 500 人，设立分公司 20 个，业务覆盖全国 20 个省、40 余个城市。

公司现已取得房屋建筑工程监理甲级、市政公用工程监理甲级、电力工程监理乙级、机电安装工程监理乙级、广东省人民防空工程建设监理乙级、广东省工程建设招标代理行业 AAA 级等资质资信。

公司现有国家注册监理工程师、一级注册建造师、注册造价工程师等各类国家注册人员近 100 人，中级或以上职称专业技术人员 100 余人，近 10 人获聘行业协会、交易中心专家，技术力量雄厚。

公司先后承接商业综合体、写字楼、商场、酒店、公寓、住宅、政府建筑、学校、工业厂房、市政道路、市政管线、电力线路、机电安装等各类型的工程监理、招标代理、造价咨询项目 500 余个，标杆项目包括新浪总部大楼、国贸中心项目（2 标段）、广州富力丽思卡尔顿酒店、佛山中海寰宇天下花园等。

公司现为全国多省市 10 余个行业协会的会员单位，并担任广东省建设监理协会理事单位、广东省建筑业协会工程建设招标投标分会副会长单位、广东省现代服务业联合会副会长单位。公司积极为行业发展作出贡献，曾协办 2018 年佛山市顺德区建设系统“安全生产月”活动、美的置业集团 2018 年观摩会等行业交流活动。

公司成立至今，屡次获得广东省现代服务业 500 强企业、广东省“守合同重信用”企业、广东省诚信示范企业、广东省优秀信用企业、广东省“质量 服务 信誉”AAA 级示范企业、中海地产 A 级优秀合作商、美的置业集团优秀供应商等荣誉称号。公司所监理的项目荣获中国建设工程鲁班奖（国家优质工程）、广东省建设工程优质奖、广东省建设工程金匠奖、北京市结构长城杯工程金质奖、天津市建设工程“金奖海河杯”奖、河北省结构优质工程奖、江西省建设工程杜鹃花奖、湖北省建筑结构优质工程奖等各类奖项 100 余项。

公司逐步引进标准化、精细化、现代化的管理理念，先后获得 ISO9001 质量管理体系认证证书、ISO14001 环境管理体系认证证书和 OHSAS18001 职业健康安全管理体系认证证书。近年来，公司立足长远，不断创新管理模式，积极推进信息化，率先业界推行微信办公、微信全程无纸化报销，并将公司系统与大型采购平台及服务商对接，管理效率大幅提高。

公司鼓励员工终身学习、大胆创新，学习与创新是企业文化的核心。而全体员工凭借专业服务与严谨态度建立的良好信誉更是企业生存发展之根本。

公司发展壮大的历程，是全体员工团结一致、共同奋斗的历程。未来，公司将持续改善管理，积极转型升级，全面提升品牌价值和社会影响力，为发展成为行业领先、全国一流的全过程工程咨询领军企业而奋力拼搏。

微信公众号

云南国开建设监理咨询有限公司

Yunnan Guokai Project Management & Consultant Co., Ltd.

云南国开建设监理咨询有限公司成立于 1997 年，在二十多年的持续发展中，始终把提高工程监理咨询服务质量和管理水平作为企业持续发展的永恒目标。

公司是经各级主管部门批准的具有房屋建筑工程监理、市政工程监理双甲级资质；人防工程监理、冶炼工程监理、化工石油工程监理、机电安装工程监理、设备监理、地质灾害治理监理等乙级资质及项目管理的专业监理咨询企业。

公司是中国建设监理协会、云南省建筑业协会、云南省建设监理协会、云南省设备监理协会等会员、理事会员单位。公司的管理通过 ISO9001 质量管理体系、ISO14001 环境管理体系、OHSAS18001 职业健康安全管理体系认证。

为提高工程监理咨询专业化服务质量，公司全面推行项目监理标准化工作，及工程监理项目管理信息化网络平台的建设和运用，于 2016 年引入“信息化管理平台”，针对项目管理进行试点运行，并积极开展监理企业向“项目管理公司”转型升级。经过近几年的运行，公司对“达标”项目已全面开展“网络信息化平台”项目管理，做到“达标”项目 100% 实现网络信息化，通过网络视频会议、资料网络实时传输、现场实时进度网络同步传输及现场进度照片实时传输等网络信息化手段达到公司上层实时指导现场项目及协同工作，以及公司技术部门（公司总工办、公司技术委员会）能够及时向现场项目监理咨询部提供技术支持。

在网络信息化建设过程中，公司还同步建立了门户网站，向公众展示公司企业文化并接受社会监督。同时充分运用网络平台技术，提高项目监理咨询的服务水平和与参建各方的沟通、交流，实现了信息共享、资源互通等。在充满挑战和机遇的形势下，全力以赴做好现场监理咨询工作。

近年来，公司所监理咨询项目中，获得过国家优质工程奖、银质奖、金杯奖、云南省级优质工程奖、昆明市监理企业质量管理安全生产先进单位、昆明市级优质工程奖、春城杯等多种荣誉，赢得了社会的充分肯定和业主的赞誉。

根据国家关于促进建筑业持续健康发展的相关指导意见，将坚持“公平、独立、诚信、科学”的工作准则和热情服务，开展制度设计，持续提高公司管理水平，努力完成全过程工程咨询升级转型的目标。

国开监理咨询，工程建设项目的可靠监护人，建设市场的信义使者。

地　址：云南省昆明市东风东路 169 号
邮　编：650041
电　话（传真）：0871-63311998
网　址：http://www.gkjl.cn

举办田径运动会，建设多姿多彩的行业文化

开展革命历史教育，重温党的光辉历程

找差距，抓落实，开展不忘初心牢记使命主题教育活动

立项课题研究，提升行业标准化水平

推进行业诚信自律，提升监理服务品质 .JPG

河南省建设监理协会

河南省建设监理协会成立于1996年10月，经过20多年的创新发展，现已形成管理体系完善、运作模式成熟的现代行业协会组织。现有专职工作人员10人，秘书处下设培训部、信息部、行业发展部和综合办公室，另设诚信自律委员会和专家委员会。

河南省建设监理协会根据章程，实现自我管理，在提供政策咨询、开展教育培训，搭建交流学习平台，开展调查研究，创办报刊和网站、实施自律监督，维护公平竞争环境，促进行业发展、维护企业及执业者合法权益等方面，积极发挥自身作用。

20多年来，河南省建设监理协会秉承“专业服务，引领发展”的办会宗旨，不断提高行业协会整体素质，打造良好的行业形象，增强工作人员的服务能力，将全省监理企业凝聚在协会这个平台上，指导企业对内规范执业、诚信为本，对外交流扶持、抱团发展，引领行业实现监理行业的社会价值。大力加强协会的平台建设，带领企业对外交流，同外省市兄弟协会和企业学习交流，实现资源共享，信息共享，共同发展，扩大河南监理行业的知名度和影响力，使监理企业对协会平台有认同感和归属感。创新工作方式方法，深入开展行业调查研究，积极向政府及其有关部门反映行业、会员诉求，提出行业发展规划等方面的意见和建议，积极参与相关行业政策的研究，推动行业诚信建设，建立完善行业自律管理约束机制，制定行业相关规章制度，组织编制标准规程，规范企业行为，协调会员关系，维护公平竞争的市场环境。

新时期，新形势。围绕国家对行业协会的改革思路，河南省建设监理协会将按市场化的原则、理念和规律，开门办会，努力建设新型行业协会组织，为创新社会管理贡献力量。同时，依据河南省民政厅和住建厅的要求，协会将极力提升治理能力，完善治理体系，积极提升能力体系，适应行政管理体制改革、转变政府职能对行业协会提出的新要求、新挑战。

奉献，服务，分享。河南省建设监理协会的建设、成长和创新发展，离不开政府主管部门和社会各界的专业指导，离不开会员单位的鼎力支持。新的时期，河南省建设监理协会将继续努力适应行业变革，继续建立和完善以章程为核心的内部管理制度，健全会员代表大会和理事会制度，继续加强自身服务能力建设，充分发挥行业协会在经济建设和社会发展中的重要作用。

背景图：举办知识竞赛，加强工程质量安全监理水平

(PM) 西安普迈项目管理有限公司

西安普迈项目管理有限公司（原西安市建设监理公司）成立于1993年，1996年由国家建设部批准为工程监理甲级资质。现有资质：房屋建筑工程监理甲级、市政公用工程监理甲级、工程造价咨询甲级、招标代理甲级；机电安装工程监理乙级、公路工程监理乙级、水利水电工程监理乙级、设备监理乙级；地质灾害治理工程监理丙级、人民防空工程建设监理丙级、工程咨询丙级。公司为中国建设工程监理协会理事单位，陕西省建设监理协会副会长单位，西安市建设监理协会副会长单位，陕西省工程建设造价协会常务理事单位，陕西省招标投标协会理事单位，陕西省项目管理协会常务理事单位。公司是《建设监理》杂志理事单位，《中国建设监理与咨询》杂志协办单位。

公司以监理为主业，向工程建设产业链的两端延伸，为建设单位提供全过程的项目管理服务。业务范围包括建设工程全过程项目管理、房屋建筑工程监理、市政公用工程监理和公路工程监理、机电安装工程监理、地质灾害治理工程监理、工程造价咨询、工程招标代理、全过程工程咨询等服务。

凝聚了一批长期从事各类工程建设施工、设计、管理、咨询方面的专家和业务骨干，注册人员专业配套齐全，可满足公司业务涵盖的各项咨询服务需求。

公司法人治理结构完善、管理科学、手段先进、以人为本、团结和谐。始终坚持规范化管理理念，不断提高工程建设管理水平，全力打造"普迈"品牌。自1998年开始在本地区率先实施质量管理体系认证工作，2007年又实施了质量、环境和职业健康安全管理三体系认证，形成覆盖公司全部服务内容的三合一管理体系和管理服务平台。

26年来，公司坚持以与项目建设方共赢为目标，精心做好每一个服务项目，树立和维护普迈品牌良好形象，获得了多项荣誉和良好的社会评价，两次被评为国家"先进工程监理单位"，连年被评为陕西省、西安市"先进工程监理单位"。

韩城国家文史公园监理项目

地　址：陕西省西安市雁塔区太白南路 139 号荣禾云图中心 4 层
邮　编：710065
电话 / 传真：029-88422682
网　址：www.xapumai.com.cn

西北大学南校区图文信息中心监理项目获 2011 年度鲁班奖

施耐德西安电气设备新厂监理项目获 2015 年度国家优质工程奖

西安电子科技大学南校区综合体育馆监理项目获 2018~2019 年度鲁班奖

西安威斯汀酒店监理项目

西安 771 研究所项目监理

西安交大一附院门急诊综合楼、医疗综合楼工程监理

陕西省高等法院工程建设项目管理及监理

西安地铁 4 号线地铁站装饰安装工程监理三标

西北农林科技大学南校区农科楼工程监理

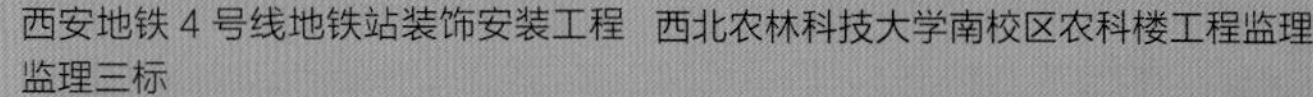

山西潞安高河矿井工程（矿井地面土建及安装工程）（2012 年 12 月获中国煤炭建设协会“太阳杯”奖，2013 年 12 月获中华人民共和国住房和城乡建设部“鲁班奖”）

山西煤炭大厦（建筑面积 26512m²，地下 4 层，地上 25 层。1999 年获山西省“汾水杯”奖，2000 年获中国建筑工程“鲁班奖”）

山西煤炭运销集团泰山隆安煤业有限公司 1.2Mt/a 矿井兼并重组整合项目（2014 年 11 月获“国家优质工程”奖）

山西霍州煤电集团吕临能化庞庞塔煤矿选煤厂主厂房钢结构工程（2016 年 12 月获中国煤炭建设协会“太阳杯”奖）

国投昔阳能源有限责任公司 90 万吨 / 年白羊岭煤矿兼并重组整合工程与选煤厂工程（2013 年 12 月获中国煤炭建设协会“太阳杯”奖）

山西潞安屯留矿阎庄进风、回风立井井筒工程与山西潞安屯留煤矿主井井筒工程（2009 年 12 月获中国煤炭建设协会“太阳杯”奖）

兰亭御湖城住宅小区工程，建筑面积 227418m²，2016 年 8 月荣获中国煤炭建设协会颁发的“十佳项目监理部”，2012 年 1 月获太原市住房和城乡建设委员会“2011 年度太原市建筑施工安全质量标准化优良基地”

太原煤气化龙泉矿井年产 500 万吨矿建工程（矿建及设备购安工程），2012 年 11 月获全国煤炭行业“双十佳”项目监理部荣誉称号

西山晋兴能源斜沟煤矿年产 1500 万吨选煤厂工程

背景图：山投恒大青运城（建筑面积 442346.8m²）

山西省煤炭建设监理有限公司

山西省煤炭建设监理有限公司成立于 1996 年 4 月。具有建设部颁发的矿山、房屋建筑、市政公用工程甲级和电力、机电安装工程乙级监理资质；煤炭行业矿山建设、房屋建筑、市政及公路、地质勘探、焦化冶金、铁路工程、设备制造及安装工程甲级监理资质；水利水保工程、环境工程、人防工程、信息监理资质。公司为山西省建设监理协会会长单位，中国建设监理协会会员单位，中国煤炭建设协会理事单位，中国设备监理协会、山西省煤炭工业协会的会员单位。

公司具有正高级职称 3 人，高级职称 50 人，工程师 397 人；国家注册监理工程师 72 人，国家注册造价师 7 人，一级建造师 8 人，国家安全师 3 人，国家注册设备监理师 13 人，国家环境监理工程师 20 人，国家人防监理工程师 20 人，国家水利水保监理工程师 33 人。企业通过 GB/T19001：2008 标准质量体系、环境管理体系和职业健康安全管理体系认证，并荣获“3A 信用等级企业”称号。

公司先后监理项目遍布山西、内蒙古、新疆、青海、贵州、海南、浙江等地，并于 2013 年进驻刚果（金）市场。监理项目获得多项国家优质工程奖、中国建设“鲁班奖”、煤炭行业工程质量“太阳杯”奖，以及荣获全国“双十佳”项目监理部荣誉称号。

为实现企业的可持续发展，公司实施了“以煤炭监理为主导产业，以企业自身优势为基础，开展多行业、门类监理业务，扩大业务范围，实行多元化、多渠道创收”的转型发展战略。企业在监理主营业务方面向非煤领域的房建、市政、水利水保、铁路、人防、环境、信息等方面拓展，同时转型 4 个项目，分别是：忻州国贸中心综合大楼项目、山西锁源电子科技有限公司项目、山西美信工程监理公司项目、山西蓝源成环境监测有限公司项目，都获得了明显的社会效益和经济效益。

2002 年以来，企业连续获中国煤炭建设协会、山西省建设监理协会授予的“煤炭行业工程建设先进监理企业”“先进建设监理企业”；获山西省直工委授予的“先进基层党组织”“党风廉政建设先进集体”“文明和谐标兵单位”荣誉称号；是全国煤炭监理行业龙头企业，2011 年进入全国监理百强企业。

同煤浙能集团麻家梁煤矿年产 1200 万吨矿建工程（矿井及井巷采区建设）

山西霍尔辛赫煤业年产 300 万吨矿建工程

刚果（金）SICOMINES 铜钴矿采矿工程（采场及排土场内采剥工程、地质勘探工程、测量工程、边坡工程、疏干排水工程及其他零星工程）（左）国贸效果图（右）

溪洛渡水电工程

二滩水电工程

溪洛渡 贵州乌江构皮滩水电工程 房工程

四川二滩国际工程咨询有限责任公司
Sichuan Ertan International Engineering Consulting Co., Ltd.

20年前，四川二滩国际工程咨询有限责任公司（简称：二滩国际）于大时代浪潮中应运而生，肩负着治水而存的使命，从二滩水电站大坝监理起步，萃取水的精华，伴随着水的足迹成长。如今，作为中国最早从事工程监理和项目管理的职业监理企业，公司已从单纯的水电工程监理的领军者蜕变成为综合性的工程管理服务提供商，从水电到市政、从南水北调到城市地铁、从房屋建筑到道路桥梁、从水电机电设备制造及安装监理到TBM盾构设备监造与运管，伴随着公司国际市场的不断拓展和交流，业务范围已涉足世界多个地区。

二滩国际目前拥有工程建设监理领域最高资质等级——住房和城乡建设部工程监理综合资质、水利部甲级监理资质、设备监理单位资格、人民防空工程建设监理资质、商务部对外承包工程资质以及国家发改委甲级咨询资质，获得了质量、环境、职业健康安全（QEOHS）管理体系认证证书。2009年公司通过首批四川省"高新技术企业"资格认证，走到了科技兴企的前沿。

二滩国际在工程建设项目管理领域，经过多年的历练，汇集了一大批素质高、业务精湛、管理及专业技术卓越的精英人才。不仅拥有行业内首位中国工程监理大师，而且还汇聚了工程建设领域的精英800余人，其中具有高级职称109人、中级职称193人、初级职称206人；各类注册监理工程师161人、国家注册咨询工程师9人、注册造价工程师25人，其他各类国家注册工程师20人；41人具备总监理工程师资格证书，23人具有招标投标资格证。拥有包括工程地质、水文气象、工程测量、道路和桥梁、结构和基础、给排水、材料和试验、金属结构、机械和电气、工程造价、自动化控制、施工管理、合同管理和计算机应用等领域的技术人员和管理人员，这使得二滩国际不仅能在市场上纵横驰骋，更能在专业技术领域发挥精湛的水平。

二滩国际是中国最早从事水利水电工程建设监理的单位之一，先后承担并完成了四川二滩水电站大坝工程，山西万家寨引黄入晋国际Ⅱ、Ⅲ标工程，四川福堂水电站工程，格鲁吉亚卡杜里水电站工程，新疆吉林台一级水电站工程，广西龙滩水电站大坝工程等众多水利水电工程的建设监理工作。目前承担着溪洛渡水电站大坝工程、贵州构皮滩水电站大坝工程、四川瀑布沟地下厂房工程、四川长河坝水电站大坝工程、四川黄金坪水电站、四川毛尔盖水电站、四川亭子口水利枢纽大坝工程、贵州马马崖水电站、四川安谷水电站、缅甸密松水电站、锦屏二级引水隧洞工程、金沙江白鹤滩水电工程等多个水利水电工程的建设监理任务。其中公司参与承建的二滩水电站是中国首次采用世行贷款，FIDIC合同条件的水电工程，由公司编写的合同文件已被世行作为亚洲地区的合同范本，240m高的双曲拱坝当时世界排名第三，承受的总荷载980万吨，世界第一，坝身总泄水量22480m³/s；溪洛渡水电站是世界第三，亚洲第二，国内第二大巨型水电站；锦屏Ⅱ级水电站引水隧洞工程最大埋深2525m，是世界第二，国内第一深埋引水隧洞，也是国内采用TBM掘进的最大洞径水工隧洞；瀑布沟水电站是中国已建成的第五大水电站，它的GIS系统为国内第二大输变电系统；龙滩水电站大坝工程最大坝高216.5m，世界上最高的碾压混凝土大坝；构皮滩水电站大坝最大坝高232.5m，为喀斯特地区世界最高的薄拱坝。

二滩国际将通过不懈的努力和追求，为工程建设提供专业、优质的服务，为业主创造最佳效益。作为国企，我们还将牢记社会责任，坚持走可持续的科学发展之路，保护环境，为全社会全人类造福！

中汽智达（洛阳）建设监理有限公司

AIE LUOYANG ZHIDA CONSTRUCTION SUPERVISION CO.,LTD

中汽智达（洛阳）建设监理有限公司成立于1993年，中国汽车工业工程有限公司下属国有全资建设监理企业，注册地河南省洛阳市涧西区，注册资金1000万元。拥有国家住房和城乡建设部建设监理行业最高资质——综合监理资质（证书号：E141009144）。主营业务：工程监理、工程总承包、项目管理，兼营：地质勘察、地基处理、技术咨询、造价咨询、工程设计、环境影响评价等。

中国汽车工业工程有限公司，由原机械工业部第四、第五设计研究院创立式重组成立，总部注册地天津市南开区长江道，在天津、洛阳、上海、北京等地设有分支机构及办公地点。拥有各类技术人员3600余人，主营业务为工业及民用项目的技术咨询、地质勘察、设计、项目管理、工程监理、工程总承包、设备研发及制造安装等，业务遍布中国各地及欧亚美非等世界各大洲知名企业，年均实现产值超过60亿元。中汽工程始终励精图治，坚持不懈推进价值竞争战略，致力于全方位打造国际知名的工程系统服务商，成绩斐然，在行业内尤其在汽车、拖拉机、发动机、工程机械、大型民用建筑及基础设施建设等领域有着强大的技术实力和良好的信誉。

中汽智达监理，管理标准体系行业领先。良好的管理标准体系及管理模式，是企业高速发展最核心的原动力之一，可以将企业的人力资源、技术能力等全部资源有机组合起来高效运转。中汽智达监理始终重视管理标准体系建设，作为行业内率先通过"质量、环境、职业健康安全"体系认证的综合性监理企业，始终以认证体系为基础，结合自身实际，搭建管理架构，制定管理标准，多年来累计颁布、执行各项管理标准、技术标准、作业细则或指导书共11大类276项次，超过40余万字，对指导、规范、统一公司各项工作起到了重要作用。公司实行总部、职能部门、项目部三级管理机制，合理分解管理职能，合理设定管理跨度，实现分级管理，分兵把关。公司结合三标管理认证体系，实行内审、外审及不定期突击抽查制度，及时发现问题、解决问题，与时俱进不断充实、更新管理标准体系，确保各项标准得到充分有效执行，并以此为基础制定制度，评价、考核下属机构及员工工作成效。公司始终重视信息化建设，竭力打造综合性大型信息化管理平台，将工作软件、管理标准、工作流程等融入平台，依托平台实现对经营、管理、生产的全面覆盖和及时监控。良好的管理标准体系和多样化的管理模式，是中汽智达的核心优势之一。

中汽智达监理，专业配套齐全，行业覆盖广泛。建设监理作为技术服务行业，有两个重要的属性：专业能力和服务能力，这是企业最直接、最关键的核心原动力之一，其中人力资源无疑起着决定性的作用。智达监理始终注重懂技术、懂管理、懂经济、懂法律等复合型高级人才队伍建设，并以此为基础，持续提升完善综合能力。共拥有各类专业技术人员359人，包括教授级高级工程师3人、高级工程师53人、工程师169人，其中国家注册监理工程师72人、注册安全师21人、注册建造师19人、注册建筑师1人、注册结构师2人、注册造价师10人，涵盖企业管理、地质、测量、规划、建筑、结构、给排水、暖通、动力、供配电、IT、技术经济、智能建筑、铸造、冲压、焊接、涂装、总装等5大类30多个专业及房屋建筑、市政、道桥、冶炼、机电安装、电力、通信、环保、水利、交通等11个行业。智达监理，年龄结构合理，专业构成丰富，人力资源优势明显，具有全面的综合服务能力。

中汽智达监理，管理团队专业，且配套全、作风正，把人力资源有效组合起来，以良好的企业文化为纽带，形成配套齐全、作风端正的专业化管理团队而不是松散的各自为战的临时团伙，更能发挥和充分利用资源潜力。智达监理一贯重视团队建设，下设第一、第二、第三等5个事业部，技术质量部、生产管理部、营销管理部、人力资源部、综合办公室等5个职能部门，及6个驻外机构，与中汽工程总部纪检委、法务部、安全生产部、装备及新产业部等共同组成一体化管理机制，体系明确，建制齐全。智达监理始终重视企业文化及作风建设，始终奉行"合作、进取、至诚、超越"的企业精神和"进德、明责、顾客价值"的核心价值观，积极推进价值竞争战略，以服务而不是过度低价赢得用户，以实力而不是投机钻营立足市场。同时，采取措施引导员工建立修身立德、成人达己的人生观，通过服务社会、奉献社会实现自我价值，坚决抵制并杜绝监理行业普遍存在令人深恶痛绝的违规挂靠、吃拿卡要、不作为或乱作为等不良习气。一支配套齐全作风端正的专业化管理团队，是智达监理实力的体现及值得骄傲的资本。

中汽智达监理，业绩优良、经验丰富。自1993年成立以来，多次蝉联中国建设监理协会、中国建设监理协会机械分会、河南省建设监理协会、洛阳市建设监理协会等颁发的"优秀监理单位"称号，2008年更是荣获"中国建设监理创新发展20年监理先进企业"称号。获得国家级鲁班奖、装饰金奖、市政金奖及省级以上工程奖项95项。被德国大众、美国卡特彼勒等数十家国内外知名企业授予"最佳服务提供商"称号，近百名员工被授予各级"优秀总监理工程师""优秀监理工程师""优秀项目经理"等称号。

自成立以来，智达监理不断拓宽业务领域，提升企业品牌。共完成大中型以上建设工程监理、项目管理、总承包等1000余项，累计总投资超过4000亿元，累计总建筑面积超过6250余万平方米，包括国家"863"高科技重点建设项目、大型综合性工业项目（从土建、公用系统到设备制造、监造、安装、单机调试、联动试车、试生产等全过程服务）、五星级酒店、高层及超高层公用及民用建筑、综合体育中心及单体场馆、水处理厂、污水处理厂、市政、道路、桥梁、隧道、环境整治、河道或水系治理等467项特等及一等工程。从惊天动地的抗震一线到默默无闻的日常建设现场，从高精尖的国家战备工程到普通社会项目，从白雪皑皑的北国到莺歌燕舞的南方，从广袤的黄土高原到富饶的东海之滨，无不留下了智达人辛勤的汗水和艰苦的努力，无不记录着智达人探索奋斗的历程和艰苦创业的精神。

知而获智，智达高远。业绩来自于奋斗，经验来自于积累，荣誉来自于付出。智达人不会停止前进的脚步，智达监理将一如既往，以自身良好的企业文化、坚强的技术实力、优秀的管理团队、丰富的实践经验为基础，继续打造精品工程，服务市场、回报社会。

东环路跨洛河大桥

正大超高层

巩义市浮戏山旅游综合开发项目

洛河东湖绿化项目

洛宁文昌桥

洛邑水城

南阳第三完全学校

洽洽（泰国）工厂

商洛医学中心

上汽郑州项目

宜宾新能源

石家庄新能源

西安国际医院中心

浙江电咖

郑州航空港经济综合实验区项目

郑州市民服务中心及地下空间

湖南省建设监理协会

湖南省建设监理协会（Hunan Province Association of Engineering Consultants，简称 Hunan AEC）。

协会成立于 1996 年，是由在湖南省行政区域内从事工程建设监理及相关业务的单位和人士自愿结成的非营利性社会团体组织，现有单位会员 289 家。协会宗旨：遵守宪法、法律、法规和国家政策、社会道德风尚，维护会员的合法权益，为会员提供服务。发挥政府与企业联系的桥梁作用，及时向政府有关部门反映会员的诉求和行业发展建议。

协会已完成与政府的脱钩工作，未来将实现职能转变，突出协会作用，提升服务质量，增强会员凝聚力，更好地为会员服务。在转型升级之际，引导企业规划未来发展，与企业一道着力培养一支具有开展全过程工程咨询实力的队伍，朝着湖南省工程咨询队伍建设整体有层次、竞争有实力、服务有特色、行为讲诚信的目标奋进，使湖南省工程咨询行业在改革发展中行稳致远。

2017 年 4 月，协会进行了第四次换届选举，新的理事会机构产生。

三湘激荡40年 湖南印记 1978—2018

工地“啄木鸟” 安全“守护神”

——写在湖南省建设监理发展 30 年之际

新行业 新制度

立新法 蕴陈规

抓质量 保安全

建功业 创辉煌

工程监理要助推高质量发展

数说湖南工程监理

在湖南日报上的宣传

湖南省建设监理协会第四届三次理事会议

《中国建设监理协会会员信用评估标准》课题验收会议